設計專利權
侵害與應用

顏吉承、陳重任◎著

Infringement and Application of Design Patent

設計專利權
侵害與應用

顏吉承

現職 智慧財產法院技術審查官

學歷 大同大學工業設計學士

經歷

經濟部智慧財產局專利審查官兼科長
· 2004年版發明專利審查基準撰稿者
· 2005年版新式樣專利審查基準撰稿者
· 司法院2004年函知各級法院之「專利侵害鑑定要點」撰稿者之一
交通大學科學法律研究所「新式樣專利實務」講座
明志科技大學「智慧財產權分析與管理」講座
光寶公司「發明專利實體審查」講座
司法院「智慧財產專業法官培訓課程」講座
台北醫學大學「申請專利範圍研究」講座
財團法人自強工業科學基金會「生物科技專利申請實務班」講座
中山大學「專利審查實務」講座
經濟部專業人員研究中心「專利助理審查官訓練課程」講座
經濟部訴願會「訴願案件審查實務研習」講座
國立成功大學「工業設計保護暨新式樣專利」講座
中華民國工業設計協會「工業設計保護制度研習班」講座
中央標準局（智慧財產局改制前）專利審查委員
裕隆汽車製造股份有限公司副工程師兼專案經理

考試 八十九年專利商標審查人員特考三等考試工業設計科及格

訓練

經濟部專業人員研究中心第1期中級審查官訓練班
經濟部專業人員研究中心第1期高級審查官訓練班
1995年中日技術合作計劃日本專利法與專利審查實務研修
經濟部專業人員研究中心專利侵害鑑定基準研習班
歐洲專利局國際學院 "Appeal procedures at the European Patent Office" 課程

著作

《設計專利理論與實務》（2007，揚智出版）、《專利說明書撰寫實務》
（2007）

陳重任

現職

南台科技大學視覺傳達設計系專任助理教授
星湛生物科技股份有限公司智慧財產權顧問

學歷

國立成功大學工業設計研究所博士
國立成功大學工業設計研究所碩士
國立雲林科技大學工業設計系學士

經歷

國立雲林科技大學工業設計系兼任助理教授
樹德科技大學流行設計系專兼任講師
大宇專利商標事務所執行長
長榮大學媒體設計系兼任講師
崑山科技大學應用纖維造形系兼任講師
經濟部智慧財產局專利審查委員

考試

八十九年專門職業及技術人員高等考試工業安全技師考試及格
九十七年專門職業及技術人員高等考試專利師考試及格

訓練

經濟部專業人員研究中心第1期專利助理審查官訓練班

著作

《設計專利理論與實務》（2007，揚智出版）

作者序

　　2007年10月16日台灣板橋地方法院宣判台灣Y公司之LED產品
（應用在手機作為液晶螢幕背光源）侵害日本A公司之新式樣專利
權，判決Y公司應給付A公司新台幣8,000萬元之損害賠償金。這件
案子在產業界及專利界掀起一陣波瀾，不僅因損害賠償金額相當可
觀，重點在於所侵害之專利權是一向為大家所不注重的「新式樣」
專利權。

　　當今國際間，"Made in Taiwan"已經是科技、品質的象徵，
然而進入微利時代的洪流，台灣高科技產業勢必結合設計與智慧財
產權展開自創品牌之路，這是台灣產業邁向知識經濟時代必須走的
一條坎坷之路，未來可預見這條路亦將成為康莊大道。

　　鑒於近年來台灣工業設計的蓬勃發展，經濟部智慧財產局業已
蓄勢待發為工業設計保護制度開創新局，強化設計專利權之保護，
從現今一物品一設計的保護，擴大保護範圍涵蓋部分設計、組物設
計及電腦圖像、圖形介面設計等，更將現行的聯合新式樣改進為衍
生設計制度，以因應國內產業界設計開發的需求，鼓勵傳統產業暨
高科技產業持續創新設計。

　　21世紀為知識經濟時代，在全球化口號喊得震天價響聲中，為
能快速解決智慧財產權爭執，維持科技競爭力，司法院業於2008年
7月1日成立智慧財產法院，統一處理涉及科技專業問題的專利、商
標、著作權等智慧財產權案件。展望未來，在產業界自創品牌、強
化工業設計的潮流中，設計專利侵權案件勢必增多，損害賠償金額
勢必更高。為協助產業界善加利用「設計專利」作為行銷競爭的利
器，讓台灣設計在世界舞台上發光發熱，在智慧財產法院甫成立之

初及專利法修正前夕，本書搶先為讀者介紹一系列主題，計分為4篇8章：

- ■ 第1篇　設計專利權侵害基本概念，包括「設計專利權與侵害」及「聯合設計專利與近似概念」。
- ■ 第2篇　設計專利權範圍侵害判斷篇，包括「設計專利權範圍之解釋」及「設計專利權範圍之侵害判斷」。
- ■ 第3篇　設計專利權應用篇，包括「設計專利化程序」及「設計專利地圖」。
- ■ 第4篇　日本意匠篇，包括「日本部分意匠之申請及審查」及「日本電子顯示意匠之申請及審查」。

　　未來國際關注的焦點在於：人權、生化、通訊、網路、環保、智慧財產權等議題。值此台灣產業起飛之際，希望本書能發揮拋磚引玉之功，協助工業設計從業人員更進一步了解設計專利實務與制度，也希望能協助台灣產業走向國際智慧財產權舞台。本書雖經多次校閱，疏漏之處在所難免，尚祈各界先進不吝賜教。

顏吉承、陳重任

目錄

 第二篇　設計專利權範圍侵害判斷篇　**82**

第 **3** 章　設計專利權範圍之解釋　**83**

第 **4** 章　設計專利權範圍之侵害判斷　**117**

◄◄ 第一篇 ►►

設計專利權侵害基本概念篇

Design Patent

第 1 章

設計專利權與侵害

專利權係國家授予專利權人專有發明或創作一定期間，他人未得專利權人之同意不得實施該專利之權利。一般論者以德國學者科拉於1875年發表的「無體財產權論」爲通說，科拉認爲：專利權係由國家所授予，而有期限之權利，因其無形不能占有之，亦無所在地等性質，故其並非一般的所有權，稱之爲**無體財產權**始屬合理[1]。

在專利權有效期間，除法律另有規定外，任何人未經專利權人或者其合法受讓人同意，而製造、爲販賣之要約、販賣、使用或進口該新式樣及近似新式樣專利物品者，稱爲侵害新式樣專利權。

 1.1 新式樣專利權的發生及期限

依專利法第113條規定：申請專利之新式樣，經核准審定後，申請人應於審定書送達後三個月內，繳納證書費及第一年年費後，始予公告……。申請專利之新式樣，自公告之日起給予新式樣專利權，並發證書。新式樣專利權期限，自申請日起算十二年屆滿……。

新式樣專利權係自公告之日起發生效力。專利證書僅爲專利權人行使專利權的形式要件之一，專利專責機關另備置有專利權簿，記載核准專利之權利與法令所定之一切事項。

 1.2 新式樣專利權的效力及內容

專利申請案經核准後，國家授予專利權，其權利之性質、範圍、內容及效力之限制等詳述如下：

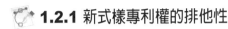 1.2.1 新式樣專利權的排他性

專利權爲具有**高度排他性**效力之權利，法律所授予新式樣專利權人之權利爲排除他人未經其同意而實施其發明之行爲。當權利有競合時，例如利用他人發明專利之再發明，即使該再發明本身也取得專利，但仍須經原發明專利權人之同意始得以實施，這樣的結果即爲專利權排他性效力的具體運用。

排他權係指排除他人對於特定專利自由實施之權利。就新式樣而言，他人未經專利權人之同意或授權，不得實施該專利圖說中所記載之申請專利之新式樣。

1.2.2 新式樣專利權的地域範圍

專利法爲國內法，依專利法取得之新式樣專利權，其效力僅在國境內有效，即使新式樣專利權人爲外國人，其效力亦不及於該外國，稱之爲**專利屬地主義**[2]。若未申請取得外國之專利權，我國之專利權人仍無法在外國行使其專利權利。

1.2.3 新式樣專利權的時間範圍

依專利法第113條規定，申請專利之新式樣，經核准審定後，……繳納證書費及第一年年費後，始予公告……。新式樣專利權期限自申請日起算十二年屆滿。以新式樣專利權的期限而言，係自公告之日起發生專利權效力，專利權人才能行使專利權利。

1.2.4 新式樣專利權的內容

依專利法第123條第1項規定：「新式樣專利權人就其指定新式

樣所施予之物品，除本法另有規定者外，專有排除他人未經其同意
而製造、為販賣之要約、販賣、使用或為前述目的而進口該新式樣
及近似新式樣專利物品之權。」專利權之內容包括「製造」、「為
販賣之要約」、「販賣」、「使用」及「進口」五種態樣之排他
權。他人未經專利權人之同意或授權，不得「製造」、「為販賣之
要約」、「販賣」、「使用」及「進口」該專利圖說中所記載之新
式樣及近似新式樣專利物品。以下就專利權之態樣分別說明之：

1. 製造：以物理手段生產出具經濟價值之物品。製造行為係指
   物品生產之一切行為，不限於物品完成所須之必要行為，亦
   包括準備行為，但僅製作模型或設計圖，不屬準備行為。此
   外，有專利權之物品，其主要部分之修理行為亦屬製造行為
   之一種。

2. 為販賣之要約：依WTO／TRIPs第28條規定：「物品專利權
   人，得禁止第三人未經其同意製造、使用、為販賣之要約
   （offering for sale）、販賣、或為上述目的而進口其專利物
   品。」為販賣之要約，指明確對外表示有償讓與物品之行
   為。

3. 販賣：有償讓與物品之行為，無論是經銷商或零售商之販賣
   或轉賣行為均屬之。

4. 使用：為達到物品的本來目的或為取得其作用效果之行為，
   即使主觀意圖上為不同目的之使用，只要客觀上取得與對象
   物品相同的效果者，即屬之。使用行為包括對物品之單獨使
   用或作為其他物品的構成元件之使用。

5. 進口：在國內以製造、為販賣之要約、販賣、使用為目的，
   而自國外移入專利物品者。僅在保稅地區內的貨物，不得視
   為進口物品，但是在保稅工廠內，利用進口物品作為零件或

原料來生產專利物品的行為，應視為國內製造。

在專利權的效力上，前述各種行為都是各自獨立的，不得因其中的一種行為合法，而宣稱其他行為也是合法，稱為「實施行為的獨立原則」。因此，前述行為均可能單獨構成直接侵害，而彼此間亦具有密切關係。

此外，尚須注意者，專利法第6條規定：「專利申請權及專利權，均得讓與或繼承。……以專利權為標的設定質權者，除契約另有約定外，質權人不得實施該專利權。」專利法第126條規定：「新式樣專利權人得就所指定施予之物品，以其新式樣專利權讓與、信託、授權他人實施或設定質權，非經向專利專責機關登記，不得對抗第三人……。」專利權之讓與、信託、授權實施或設定質權係採對抗要件，第三人侵害其專利權時，若未經登記，受讓人或被授權人不得對侵害者主張權利；但在當事人之間，甚至對於權利之繼受者仍有拘束力，茲因「後手不得取得大於前手之權利」。當受讓人或被授權人未經登記，專利權人再將其權利全部讓與或專屬授權給他人，並經登記時，由於專利權人已陷於「自始主觀給付不能」，且因智慧財產權領域無善意受讓可言，該他人（專利權人之後手）並不能主張善意受讓，故不得限制受讓人或被授權人之實施。然而，受讓人或被授權人若要向「後手」主張權利，仍必須經登記始適法[3]。

 ## 1.3 新式樣專利權效力的限制

專利權固為保護創作人專有排除他人實施其新式樣專利物品之權利，惟專利法之目的在於透過保護和利用發明創作以促進產業的發展，進而增進公共利益。因此，若能就專利權加以限制，則更能

促進產業發展、增進公共利益者，故有必要依國家產業政策需要，因應時代之變遷而予以調整限制。

專利權效力之限制有基於公共利益、公平原則、權利耗盡及專利權從屬關係等因素，以法律限制其效力[4]。另有基於專利權人與被授權人之自由意志所訂之契約，於特定時間或空間限制其效力，由於其非法定之限制，在此不予說明。

1.3.1 基於公共利益所訂的限制

基於公共利益所訂的限制分為三種情形：為研究、教學或試驗實施其新式樣而無營利行為者、申請前已存在國內之物品、僅由國境經過之交通工具或其裝置。

1.3.1.1 為研究、教學或試驗實施其新式樣，而無營利行為者

此為專利法第125條第1項第1款之規定。按國家建立專利制度的目的乃在於鼓勵創作人將其創作公開出來，使他人得以研究、實驗並尋求更完善的改良。因此，為了研究、教學或試驗等目的，而使用他人專利物品或製造他人專利物品的行為，若能促進技術進步，只要沒有營利行為，並未損害專利權人之利益，為法律所允許。

「為研究、教學或試驗實施其新式樣，而無營利行為者」之意義，係以該創作為研究、教學或試驗客體之行為，並不侷限於學術活動，亦包括產業上之研究試驗行為。反之，即使是因學術活動而實施專利創作，若非就該創作之研究、教學或試驗行為，亦構成侵害，不得稱為專利權效力受限制範圍內的行為。此外，在達到研究、教學或試驗該創作之目的後，宣稱是繼續實施研究、教學或試驗，實際上卻以實施專利為業，並出售其產品者，仍然屬侵權行為。

1.3.1.2 申請前已存在國內之物品

此為專利法第125條第1項第3款之規定，係為維持現狀保護既存狀態。若專利權效力也及於申請前已存在國內之物品，顯然不利於專利權的安定性。此專利權效力之限制，對專利權人的利益並不會造成太大損害。

本款所指**申請前**，依專利法施行細則第37條，若有主張優先權者，係指優先權日前；所指的物品，係已製成並存在國內之物品而言，專利申請後再製造的物品，或再從國外輸入之物品均不屬之。一般來說，無論該物品於申請專利前為公知或處於祕密狀態下，皆可適用此規定。惟當該物品於申請專利前為公知時，相關之專利成為無效之對象，故本款實際上大多係適用於申請專利前處在祕密狀態下之物品為專利權效力所不及。

1.3.1.3 僅由國境經過之交通工具或其裝置

此為專利法第125條第1項第4款之規定，本款係對應於巴黎公約第5條之3[5]（依WTO／TRIPs 第2條規定，會員國有遵守巴黎公約第1條至第12條及第19條之義務），為維持國際交通的順暢運行，對於進入我國境內，但非以我國為行程終點而正進行運輸任務的交通工具及其上為維持運作所需之裝置，應有限制專利權的必要。

本款所指**僅由國境經過**，包括臨時入境、定期入境及偶然入境。偶然者，非預期性，如遭遇天然災害或突發事故，而不得不入境之謂；所指之交通工具不包括其所載之貨物，即使該貨物為某一種交通工具者亦然；所指之裝置不包括非維持運作所需者，例如探勘、實驗、科學調查等。

惟專利法訂有限於「裝置」之規定，而非「物品」或「附屬物」；不僅與巴黎公約不一致，實務運作上也有窒礙難行之處，例如醫療藥品、材料性物品、方法發明等，依專利法，應不為專利權

效力所不及。

 1.3.2 基於公平原則所訂的限制

基於公平原則所訂的限制分爲二種情形：申請前已在國內使用或已完成必須之準備者、非專利申請權人所得專利權因專利權人舉發而撤銷者。

1.3.2.1 申請前已在國內使用，或已完成必須之準備者

此爲專利法第125條第1項第2款之規定。由於專利法是採**先申請原則**，專利權是頒給最先申請的人，而非最先發明創作的人。因此，在他人申請專利前，已經使用該物品的人，不得因先使用而優先擁有專利申請權。惟先使用人（先發明人）未必公開使用，故未必可據以推翻他人專利；結果導致先使用人可能因他人率先申請專利，而不得使用該物品。專利法爲平衡此先使用的情形，特有此規定。

本款所指**申請前**，如有主張優先權者，係指優先權日前；所指**準備**，指以實施專利爲營利事業所必須之準備，此事業之準備在客觀上必須足以認爲行爲人爲實施該發明所完成實施前應爲之預備行爲。例如：實施該專利的工廠已建築完工，已經買下建廠用地或實施專利的成套生產設備等，應可認定已完成必須之準備。

本款定有但書，先使用人在相關專利申請前六個月內，於專利申請人處得知其新式樣，並經專利申請人聲明保留其專利權者，該使用仍爲專利權所及。此外，本款所定之限制只限於在專利申請前先使用人原有事業規模內繼續利用，不得擴張。本款規定相當於日本意匠法第29條之先使用權，惟兩規定稍有差異，日本意匠先使用權之成立要件：

1.不知他人意匠申請內容而自行創作，或不知意匠申請人所申請之內容而另從創作人處得知者。

2.意匠申請之時，正於國內實施該意匠或類似之意匠為業之人，或正為該事業準備之人。

3.限於已經實施或已準備實施的意匠範圍，以及事業目的之範圍，就該意匠申請有非專屬實施權。

1.3.2.2 非專利申請權人所得專利權，因專利權人舉發而撤銷者

此為專利法第125條第1項第5款之規定，非專利申請權人取得專利權，以專利權人舉發而撤銷時，其被授權人在舉發前善意在國內使用或已完成必須之準備者，為專利權效力所不及。此為根據申請專利後，既存之特定事實而限制其專利權效力。若非真正專利權人的被授權人，因為善意不知該專利有撤銷專利權的理由，而向非真正專利權人取得授權，在該非真正專利權人的專利遭撤銷後，即不准該被授權人實施該專利，則有失公平。再者，前述被授權人取得專利授權時，依契約應已負擔權利金，且已投資完成必須之準備，驟然取消被授權人實施專利的權利，於其個人或於國家資源的利用皆屬不合理的消耗浪費。因此有此規定，並限制被授權人只能在舉發前原有事業規模內繼續利用，不得擴張。

本款所指**準備**，指以實施專利為營利事業所必須之準備，此事業之準備在客觀上必須足以認為行為人為實施該發明所完成實施前應為之預備行為。

本款規定相當於日本意匠法第30條之中使用權，惟兩規定稍有差異。依使用權之規定，意匠權之效力不及於善意的後申請案原意匠權人的實施；亦不及於在後申請案被請求無效審判之前已為被授權人的實施。

1.3.3 權利耗盡原則

　　專利權的內容雖然包括製造、為販賣之要約、販賣、使用及進口，惟專利權人一旦正當行使其專利權後，例如販賣專利物品或專利所製造的物品後，專利權人已取得專利之利益，即已將其權利耗盡，不得就該物品再主張其他的行為侵害專利權。此理論係德國學者科拉首倡，盛行於德國及日本等國，美國稱為「第一次銷售原則」。我國將此原則文字化，明定於專利法第125條第1項第6款：「專利權人所製造或經專利權人同意製造之專利物品販賣後，使用或再販賣該物品者。上述製造、販賣不以國內為限。」第2項另規定：「得為販賣之區域，由法院依事實認定之」。

　　一般的說法，前述規定係以專利權耗盡原則處理專利真品平行輸入的問題，惟國內有些學者認為真品平行輸入的問題不宜以耗盡原則予以處理，理由在於平行輸入涉及外國製造再流入國內予以散布，而耗盡原則基本上係針對國內製造之物品的散布權耗盡的問題；並認為專利利用權之耗盡原則不生域外效力，此係專利法屬地主義所生之當然結果。權利耗盡尚可區分為販賣權之耗盡及使用權之耗盡兩種型態，即專利販賣後之轉賣及分銷為權利所不及，以及專利販賣後之使用及用途為權利所不及。購入專利品後之實施行為的合法問題，學理上固有「所有權移轉說」、「默示授權說」（專利權人販賣專利物品予買受人，已默示授權買受人嗣後之合法利用）及「權利耗盡說」（有更擴大為「國際耗盡說」）等予以處理，依前述專利法規定，我國似採「權利耗盡說」。

　　此外，與貿易有關之智慧財產權協定（WTO／TRIPs）第6條規定：「就本協定爭端解決之目的而言，受限於第3條及第4條規定，本協定不得被用以處理智慧財產權耗盡之問題」。

1.4 專利物品平行輸入的問題

　　平行輸入，一般是指將專利權人所製造或授權製造的物品，未經其同意而輸入國內而言。平行輸入雖稱爲輸入，實際上包括輸入及販賣兩種行爲。專利法明文禁止未經專利權人同意而輸入仿冒品之行爲，因此輸入仿冒品並不合法，也不是所謂的平行輸入。目前有爭論的問題在於：平行輸入是否爲法所不許？

　　依照專利權屬地主義之概念，專利權僅限於授予國之境內有效，若第三人將甲國之專利物品轉售至乙國，乙國之專利權人縱與甲國之專利權人爲同一人，該轉售行爲仍然侵害乙國專利權。此外，亦不得將權利人直接售予乙國之專利物品轉售回甲國，否則亦構成侵害。但日本曾有判決，認爲凡進入日本之產品侵害日本之專利權，縱使外國與日本之權利人相同，第三人之輸入應爲侵權，不得輸入。其判決內容爲：「權利耗盡理論到底是根據專利獨立原則而僅適用於國內亦或是也能適用於國外？換言之，在兩國擁有相同發明之專利權人，對於其在一國生產、流通，並適用專利權之商品，在經由第三人輸入他國時，是否可依據其在該他國之專利權，主張要求停止使用。在此情形下，若嚴格貫徹專利獨立原則，則得以主張前述權利。」就目前之國際立法潮流，我國在專利、商標、著作、積體電路佈局皆有權利耗盡之規定，但權利耗盡原則是否擴大爲國際耗盡而擺脫專利屬地主義之束縛，尚有待觀察。

　　依我國專利法對於進口權的規定，專利權人可以排除他人未經其同意進口專利物品或以專利方法直接製成之物品。若外國及我國之專利權人爲同一人，當取得專利權人製造或同意製造之專利物品，將該物品進口輸入國內，依專利法第125條第1項第6款有關權利耗盡之規定「……上述製造、販賣不以國內爲限。」專利權因

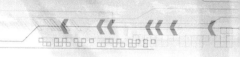

在國外之製造、販賣行為已取得利益，權利已耗盡，故該進口行為並未侵害我國專利之進口權。專利法第125條第2項後段規定：「前項第6款得為販賣之區域，由法院依事實認定之。」依前述說明，法院應審究專利法以外的其他事實，例如進口商與專利權人是否就得販賣之區域另有約定，而不得輸入我國等。因此純就專利法規定，平行輸入應符合專利法之規定，即平行輸入並無侵害專利權之虞。

然而，若外國與我國就相同發明有不同之專利權人，依專利屬地主義之概念，即使正當購買外國專利物品進口輸入國內，仍侵害我國專利權。換言之，外國專利權人不得主張其權利，但我國專利權人得主張進口權。

1.5 新式樣專利權的特許實施

專利權之特許實施在一般學理上稱為強制授權或強制許可，指國家以公權力強制專利權人同意他人實施其專利權。

在專利制度下，專利權人取得專利後，享有專有的排他權。但是若專利權人只是壟斷技術或產品，不思利用或生產，不足以讓專利技術落實於產業，兼而促進產業發展，有違專利法目的。因此，依專利法第76條規定：

1. 為因應國家緊急情況。
2. 為因應增進公益之非營利使用。
3. 申請人曾以合理之商業條件在相當期間內仍不能協議授權。
4. 專利權人有限制競爭或不公平競爭之情事並經法院判決或行政院公平交易委員會處分確定者，專利專責機關得依申請，特許該申請人實施專利權。

惟新式樣專利非技術思想之創作，其公共利益的關係較低，不適用特許實施制度。

 ## 1.6 新式樣專利權的保護範圍

專利權爲具有排他效力之權利，對於法律上所授予專利權之權利範圍，有確定之必要，這不僅涉及專利權人之權益，亦與當事人之權益有密切關係，特別是法院中之專利權侵害案件，專利權範圍更是認定專利權是否受到侵害之重要依據。

專利專責機關審定核准之圖面中所揭露之申請專利之新式樣（即申請專利範圍）具有拘束力，法院在審理專利侵權訴訟案件時，應受其拘束，僅得在該範圍內解釋認定，無權變更專利專責機關所核准之申請專利之新式樣。

對於專利權保護範圍，最重要且最困難者在於**解釋**。解釋專利權範圍時，主要考慮因素有二：(1)給予專利權人適當保護；(2)維持法律安定性。就前者而言，創作人既公開其發明，便有必要給予適當之保護，使其創作不被他人剽竊；就後者而言，專利保護範圍不能超出一般專業人士依其圖說內容所能預期之範圍，而使公眾之產業活動受到不當之限制。因此，解釋專利權範圍時，平衡雙方當事人權益實爲重要課題。

解釋新式樣專利權的保護範圍，主要之法律依據如下：

1. 專利法第123條第2項：「新式樣專利權範圍，以圖面爲準，並得審酌創作說明」。
2. 專利法第124條第1項：「聯合新式樣專利權從屬於原新式樣專利權，不得單獨主張，且不及於近似之範圍」。

專利法第123條第1項規定：「新式樣專利權人就其指定之新式樣所施予之物品，除本法另有規定者外，專有排除⋯⋯該新式樣及近似新式樣專利物品之權。」新式樣專利權保護範圍包括相同或近似之新式樣，共計四種態樣：

1. 相同設計應用於相同物品，即相同之新式樣。
2. 近似設計應用於相同物品，屬近似之新式樣。
3. 相同設計應用於近似物品，屬近似之新式樣。
4. 近似設計應用於近似物品，屬近似之新式樣。

1.7 專利侵害的法律特徵

專利侵害的法律特徵，指法律上認定專利侵害的要件，包括：

1. 有侵害的客體。
2. 有侵害行為的事實。
3. 專利權效力所及的範圍。
4. 故意或過失的證明。

1.7.1 有侵害的客體

有侵害的客體，係指被侵害的專利權必須有效。專利權具有地域性及一定的保護期限，專利權人於我國境內及在專利權有效期限內行使專利權時，應提示專利專責機關所頒發的專利權證書，證明自己擁有合法之專利權，且並未消滅或遭撤銷、放棄。

在我國訴訟制度中，法院並不直接審查專利是否有效，若被告主張專利權人的專利無效，必須循**舉發**之途徑，向專利專責機關申請撤銷其專利權。法院審理專利權之民事訴訟，如遇有系爭專利權

之舉發案，或專利專責機關自行提出之撤銷案，或有相關之申請案尚未確定者，得停止審判。法院停止審判時，應注意舉發案提出之正當性。舉發案涉及侵權訴訟案件之審理者，得請求專利專責機關優先審查。

1.7.2 有侵害行為的事實

專利權授予專利權人排除他人未經其同意而實施其專利之權，若僅有實施的意圖或完成侵權的必要準備，但尚未有實施行為的事實者，並不構成專利侵害。

新式樣專利侵害行為包括：**製造**、**為販賣之要約**、**販賣**、**使用**或為前述目的而**進口**。專利侵害行為的實施內容必須與該新式樣專利相同或近似，且專利權人尚須證明於何時、何地、如何被製造、為販賣之要約、販賣、使用或進口該新式樣及近似新式樣專利物品，始構成專利侵害行為。

此外，申請人未適當表明發明或創作人姓名，為發明人格權之侵害，可視為廣義的專利權侵害。

1.7.3 專利權效力所及的範圍

基於公共利益、公平原則、權利耗盡及專利權從屬關係等因素，專利法限制了專利權之效力。另有基於專利權人與被授權人之自由意志所訂之契約，於特定時間或空間限制專利權之效力。若實施新式樣專利或其近似新式樣之行為屬專利權效力所不及或係依契約或特許實施者，則無專利侵害之問題。

1.7.4 故意或過失的證明

因故意或過失，不法侵害他人權利或利益，應負損害賠償責

任（民法184）。侵權行爲須以故意或過失爲要件。**故意**，指侵權行爲人已經預見自己的行爲可能會對專利權人造成損害，而仍然希望或任其發生。**過失**，指侵權行爲人對自己行爲及其可能產生的後果，應當預見、能夠預見而竟沒有預見；或者雖然預見但卻輕信其不會發生者。

專利法第84條第1項規定：「發明專利權受侵害時，專利權人得請求賠償損害，並得請求排除其侵害，有侵害之虞者，得請求防止之。」因專利權爲排他性的權利，解釋上具有排除侵害及防止侵害請求權，對於有侵害專利之虞者，不須以故意或過失侵害爲要件。惟依前述民法之規定，損害賠償責任與排除侵害、防止侵害之歸責基礎及適用要件不同，損害賠償責任宜有故意或過失爲構成要件。

由於核准之專利均公告在專利公報，且公告之後任何人均得申請查閱有關文件。若侵權行爲人是工商業者，其應查閱公告且能查閱而竟沒有查閱，通常得推定爲有過失，其專利侵害行爲應承擔民事責任。

 ## 1.8 專利侵害的民事救濟

專利權爲無體財產權，適用於保護其他一般財產權的法律同樣亦適用於專利權。須注意者，專利法第84條第5項規定請求權之期限，自請求權人知有行爲及賠償義務人時起，二年間不行使而消滅；自行爲時起，逾十年者，亦同。專利權人提起民事訴訟，可運用專利法所規定的若干請求權，說明如下[6]：

1.8.1 請求排除侵害或防止侵害

專利權遭受侵害時，專利權人或專屬被授權人得請求排除侵害及請求防止侵害。此項專利侵害的排除請求權稱為「停止侵害請求權」，毋須以故意或過失為要件。「停止侵害請求權」包含兩個層次：

1. 侵害行為發生後之排除侵害請求權：得請求停止侵害並排除侵害效果，例如侵害者製造他人專利物品並販賣之，則專利權人可以請求停止製造、販賣，並進一步回收尚未販賣出手的物品。

2. 侵害行為尚未發生之防止侵害請求權：得請求防止侵害，侵害者已經完成侵害的準備者，專利權人可請求其消極的不再製造、販賣或進口之行為；甚至請求積極的適當措施，對於侵害專利權之物品或從事侵害行為之原料或器具，得請求銷燬或為其他必要之處置，參照專利法第84條第3項。

當專利權人發現有專利侵害情事時，若無一定措施，使侵害者暫時停止侵害，俟專利權人勝訴，其損害將難以彌補。因此，民事訴訟法特別規定，對爭執之法律關係，有定暫時狀態之必要者，適用假處分之規定處理，假處分聲明內容如「債務人不得製造、為販賣之要約、販賣、使用、進口型號為××之產品」。

1.8.2 請求損害賠償

專利權受侵害時，專利權人得請求賠償損害，謂之**損害賠償請求權**。損害賠償係承擔民事責任最普遍之方式，亦為補償專利侵害的措施中經常被運用者。損害賠償請求權的構成要件：

1.8.2.1 構成要件該當性

1. **有侵害行為**：未經授權或同意製造、為販賣之要約、販賣、使用或進口該新式樣及近似新式樣專利物品者。
2. **侵害專利權**：被侵害之客體應符合專利法保護要件，且未消滅者。
3. **有損害發生**：專利權受侵害，造成專利權人或被授權人之利益受損。行為與損害間須有因果關係。

1.8.2.2 違法性

侵害行為須違法，若有阻卻違法事由存在（如緊急避難、正當防衛、或被害人之同意）者，則不具有違法性。

1.8.2.3 有責性

侵害行為合乎構成要件該當性及具有違法性之行為者，應再審理是否具有責性，即須有責任能力及故意或過失。

1.8.2.4 須有專利標示

依專利法第79條規定：「專利權人應在專利物品或其包裝上標示專利證書號數，並得要求被授權人或特許實施權人為之；其未附加標示者，不得請求損害賠償。但侵權人明知或有事實足證其可得而知為專利物品者，不在此限。」

專利法第85條明文規定損害賠償金額之計算方式：

1. **具體損害計算說**：依民法第216條規定，以被害人之所受損害與所失利益為計算基準，以填補專利權人所遭受之全部損害（專利法第85條第1項第1款本文）。
2. **利益差額說**：因不能提供證據方法以證明其損害時，權利人得就其實施權利通常可獲得之利益，減除受害後實施同一專

利權所得利益，以其差額爲所受損害（專利法第85條第1項第1款但書）。

3.**總利益說**：將侵害人仿冒商品之成本扣除後，其所得利益作爲損害賠償額（專利法第85條第1項第2款前段）。

4.**總銷售額說**：又稱總價額說，當侵害人不能就其成本或必要費用舉證時，以銷售該物品全部收入爲所得利益（專利法第85條第1項第2款後段）。

5.**酌定說**：當侵害行爲如屬故意，法院得依侵害情節，酌定損害額以上之賠償。但不得超過損害額之3倍（專利法第85條第3項）。

此外，國際上尙有**類推授權實施說**，又稱**實施費決定說**，即依專利權授權他人實施可以收取的權利金，作爲侵害時的損害賠償額。

民法上，債權人就金錢請求或得易爲金錢之請求，爲保全強制執行之效果，得聲請假扣押。專利法第86條第1項規定：「用作侵害他人發明專利權行爲之物，或由其行爲所生之物，得以被侵害人之請求施行假扣押，於判決賠償後，作爲賠償金之全部或一部」。

1.8.3 其他請求權

除前述規定外，專利權人如因侵害行爲而減損其「業務上信譽」，尙得請求賠償相當金額，參照專利法第85條第2項。

除前述專利權人得請求損害賠償外，另得於侵權訴訟判決確定勝訴後，聲請法院裁定將判決書全部或一部登報，以恢復專利權人業務上之信譽，其費用由敗訴人負擔，參照專利法第89條。例如當侵權物品比專利權人製造的專利物品質量低劣，讓消費者誤認眞正專利物品即爲此種低劣產品的情況。

　　發明人之姓名表示權受侵害時，得請求表示發明人之姓名（**排除侵害請求權**）或為其他回復名譽之必要處分，參照專利法第84條第4項，此為對廣義的專利權侵害，所行使的恢復信譽措施。

　　雖然專利法第84條第3項規定前述專利侵害請求權之期限，自請求權人知有行為及賠償義務人時起，二年間不行使而消滅；自為行為時起，逾十年者亦同。但依民法第179條，如因故意或過失無權實施他人專利權，侵害他人權利而生不當得利返還請求權；其第2項規定：「損害賠償之義務人，因侵權行為受利益，致被害人受損害者，於前項時效完成後，仍應依關於不當得利之規定，返還其所受利益於被害人。」不當得利返還請求權與侵權行為之請求權時效無涉，而得獨立行使，亦即不當得利返還請求權與侵權行為之請求權發生競合時，宜容許選擇主張之。

　　此外，國內有的學者主張，對於不法（不真正）無因管理所生請求權（類推適用民法第177條），即明知為他人之事務，仍作為自己之事務而為管理，例如出租他人專利品，行使他人之專利權者，專利權人有無因管理請求權[7]。

 ## 1.9 專利侵害訴訟的對策

　　專利侵害訴訟是解決專利侵害糾紛最有力而有效的手段，專利權人一旦提起告訴，須經過漫長的歷程，支出大筆費用，對被告而言亦如是。因此，專利侵害訴訟對兩方面都將是一場不愉快的經驗，非不得已勿輕易涉入。

　　訴訟過程：提起民事訴訟、保全證據、訴訟程序及審判；甚至舉發撤銷專利權等主動或被動的措施，皆牽涉法律或技術層面，茲將訴訟雙方得採取之對策簡述如下：

1.9.1 專利權人的對策

　　專利權人發覺市場上有侵權之情事時，應沉著應對，按部就班依下列步驟逐步為之：

1.9.1.1 蒐集證據、調查事實

　　專利權遭侵害與否，首須查明實施行為是否構成侵害的事實，調查之事實完全要依證據予以證明。於蒐集證據時，必須採取合法的手段，所蒐集之證據亦必須注意其證據力，對於關鍵性證據，若不能取得，可以在訴訟中向法院請求，不得用非法手段取得。一般證據可分為兩類：

1. 物證：主要是侵權產品，專利權人應於市場購買該侵權產品，並持有之，以作為侵權的直接證據。
2. 書證：指文書證據，證明專利權人之專利權的文書，例如專利證書、專利申請文件或授權契約書等；證明侵害人之侵權行為的文書，例如訂貨單、銷售發票、型錄、刊登廣告或產品說明書，以及技術鑑定文件或鑑定報告書等。

1.9.1.2 分析證據、謹慎判斷

　　分析所蒐集之證據是否具證據力及證據之間是否有關聯性。經分析比對，應以嚴謹的科學態度予以判斷。判斷是否有專利侵害應考慮兩方面：

1. 法律方面：有無專利侵害的法律特徵，包含：專利權是否有效；有無專利侵害行為的事實；是否為專利權效力所及或為特許實施之行為；有無故意或過失之證明。
2. 技術方面：是否落入申請專利範圍，即對於技術專業的判

斷，應借重在該新式樣所屬技藝領域中之專業人士的意見，就專利權申請專利之新式樣範圍與所蒐集之侵害實物樣品相互比對，判斷兩者是否相同或近似。

1.9.1.3 重新評估專利權的有效性

經調查、判斷，最終可能決定進行專利侵權訴訟，而侵權訴訟的勝負關鍵經常決定於專利權的有效與否。專利權人應對自己的專利進行分析評價，判斷專利有效性的強弱，以免遭舉發成立又被反訴，反而損害自己。

1.9.1.4 寄發請求排除侵害之書面通知

專利權人提出告訴應檢附請求排除侵害之書面通知。目的在於：(1)通知對方停止侵害行為，以免擴大損害專利權人權益；(2)發出警告，表示專利權人已發現侵害行為之事實，準備提出告訴；(3)杜絕侵害人故作不知，而做無故意或過失之辯解。

請求排除侵害書面通知之記載內容：(1)專利權人的專利權號數及圖說；(2)對方的產品侵害了該專利權，應中止或禁止製造、為販賣之要約、販賣、使用或進口的行為；(3)指定對方答覆的期限；(4)若未接到答覆，專利權人可能採取的措施。

專利權人一旦發出請求排除侵害之書面通知，應迅速與對方協商解決糾紛，而不能僅以侵權訴訟予以威脅。

1.9.1.5 解決糾紛

一旦判斷他人侵害了自己的專利權，專利權人應根據自己的情況決定解決方案：

1. 雙方和解：專利權人透過和解的方式解決雙方專利的侵權糾紛，這是最理智、最常見的方式。其優點在於迅速解決糾紛，雙方在理智平和的情況下達成協議，不傷和氣。經由和

解，專利權人可以獲得適當的賠償，或根據專利權人自己實施專利的能力狀況，而與對方訂立授權契約，使侵權糾紛得以圓滿解決。

2. 提起訴訟：專利權人在對方無善意回應，不願和解的情形下，可提起民事訴訟。訴訟的優點在於法院就必要的證據進行調查，事實清楚且責任分明，法院的判決書具強制力。惟訴訟程序繁複冗長，將耗費雙方當事人相當的時間、精力甚至財力，不利於專利技術的實施利用及轉化為生產力。

3. 注意事項：透過訴訟程序解決侵權糾紛時，當事人除應遵守有關法律規定外，另有若干須注意的事項，包含：及時提出保全申請，防止對方湮滅證據、脫產等行為；注意請求權的兩年時效；訴訟請求應明確具體；訴訟程序中得尋求和解。

1.9.2 被控侵權的對策

目前國內部分企業仍不重視智慧財產權，在開發、製造、販賣新產品時，往往不注意同業在專利方面的進展，總認為只要是自己獨力研發的產品就有權製造、販賣，不會侵害到他人的專利權。因此，一旦遭到控告，由於不了解專利，常有置之不理、死不認帳或惶惶不安、束手無策的兩極化態度。一般被控侵權的對策如下：

1.9.2.1 調查檢索、了解狀況

接到專利權人寄發的請求排除侵害通知或存證信函等書件時，應立即停止實施該產品的行為，並迅速就對方所指之專利權調查檢索，調查的項目有：

1. 侵害的客體：專利權人所指被侵害的專利是否存在？專利期限？專利權人及被授權人？申請日期？申請專利之新式樣範

圍？並申請閱卷，了解申請過程中之相關文件。

2. 寄發信件人與專利權人的關係：應了解對方是否為真正的專利權人、合法繼承人或專屬被授權人等，以及了解是否為真正的被害人，以免盲目應訴而為法院不受理之訴訟。

3. 該專利申請前相同或近似之先前技藝及上市產品：就所檢索的先前技藝及上市產品，明確理解該專利之實質內容及專利權範圍，或可作為舉發該專利之準備。

1.9.2.2 分析判斷、知己知彼

就所調查檢索之資料及自己製造、為販賣之要約、販賣、使用或進口的產品，全面分析判斷是否侵害專利，應考慮若干項目：

1. 有無侵害專利的法律特徵：專利權是否有效、對方是否有權提起訴訟；自己的實施行為是否為專利權效力所不及；有無侵害專利行為的事實；有無證明非故意或過失之反證。

2. 自己實施的產品是否為該專利權範圍所涵蓋：主要是探究自己的產品是否與該專利相同或近似。可以藉助檢索的先前技藝及上市產品，理解產業發展現況，經由分析該專利申請過程中（包括聯合新式樣之申請）所有的相關文件，界定申請專利之新式樣範圍，進而判斷自己的產品與其是否相同或近似。

3. 評估專利權的有效性：該專利權的有效與否，係侵權訴訟的關鍵所在，若發現有提起舉發的理由，應檢具證據，依循舉發程序向專利專責機關提起舉發。

經由前述調查檢索及分析判斷的程序後，已可明瞭雙方所處的立場，無論認定結果是否侵害專利，除接到對方的信函時，立即停止實施行為，表示尊重並證明並非故意外，此時應立即表示自己解

決糾紛的態度。若自己的實施行為確實侵害專利權，應主動承認，
並採取必要措施解決糾紛；若未侵害專利權或專利權有無效理由，
亦應與對方聯繫溝通，尋求解決之道。

1.9.2.3 決定對策

1. **雙方和解**：若自己的實施行為確實侵害專利權，應提議雙方
   和解糾紛解決。若能經由和解，雙方簽訂授權契約，可以避
   免因停止實施，造成自己人力、設備及投資損失；亦可以在
   專利權人的指導下，更精進技術。

2. **積極應訴、據理反駁**：若確信並未侵害專利權，應據理反
   駁。某些情況下看似侵權，惟自己的實施行為確係專利權效
   力所不及、或經過合法的授權或受讓或特許實施、或不知銷
   售、使用之物品為專利產品，則可免除或減輕侵權責任。

3. **提起舉發撤銷專利權**：若有提起舉發的理由，應檢具證據，
   向專利專責機關提起舉發。即使侵權訴訟中，在舉發案確定
   前，皆得請求停止審判。

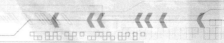

註　釋

[1] 魏啓學、宋永林譯（1990），吉藤幸朔著。《專利法概論》。北京：專利文獻出版社，頁405。

[2] 巴黎公約第4條之2第1項：同盟國國民就同一發明於各同盟國內申請之專利案，與於其他國家取得之專利權，應各自獨立，不論後者是否為同盟國。

[3] 謝銘洋、徐宏昇、陳哲宏、陳逸南等（1994）。《專利法解讀》。台北：月旦出版公司，頁171-172。

[4] 魏啓學譯（1984），紋谷暢男編。《日本外觀設計法25講》。北京：專利文獻出版社，頁172-180。

[5] 巴黎公約第5條之3：於同盟國內有下列情形之一者，不構成專利侵害：

(1)其他同盟國之船舶暫時或意外進入該國領海時，在該船舶上使用於船體、機械、艙柱及迴轉裝置或其他附屬物上構成專利內容之設計；但此項設計以專為使用於該船舶之需要為限。

(2)其他同盟國之航空器或陸上車輛暫時或意外進入該國時，在該航空器或陸上車輛或其附屬物之構造或操作上所使用構成專利內容之設計。

[6] 蔡明誠（1997）。《發明專利法研究》。國立臺灣大學法學院圖書館，頁231-233。

[7] 蔡明誠（1997）。《發明專利法研究》。國立臺灣大學法學院圖書館，頁238。

第 2 章
聯合設計專利與近似概念

Design Patent

在我國，對於聯合新式樣制度之理論及其專利權範圍之認定，各界迭有爭執，其間或有主張申請專利係為取得專利權保護創作，若聯合新式樣之目的僅在於確認原新式樣之近似範圍，則無存在之必要，而有廢除或修正聯合新式樣制度之呼籲。日本於1998年大幅修正意匠法（於1999年12月22日國會通過並於 2001年1月6日實施），其中包括將以往的「類似意匠」制度修正為「關連意匠」制度。此時此刻，我國對於同一人近似新式樣之保護制度是否有必要改弦更張，謀求更符合公眾需求之制度？或參考歐美之立法例，乾脆廢除聯合新式樣制度？諸多考量有待各界多加探討。

本文係就學理上新式樣之近似理論及聯合新式樣理論予以說明舖陳，並簡單介紹新式樣近似之規定及實務、聯合新式樣採確認說之依據及其申請、專利要件，最後介紹日本關連意匠制度，以作為申請、審查甚至修正聯合新式樣制度之參考。

2.1 聯合新式樣之立法目的、定義與現況

新式樣專利係保護工業產品外觀形狀、花紋、色彩或其結合之創作。本節將針對聯合新式樣之立法目的、定義及近似設計保護制度之現況進行探討。

2.1.1 主法目的

產業界從事產品開發時，必須迎合消費者喜好、時代流行及市場需求，賦予產品多元化風貌，並且為了刺激消費，每隔一段時日，產業界會局部改變原產品之外觀作為次一代產品推出市場。此外，因應商場競爭日益激烈，產業界為確保產品在市場上的競爭優勢，必須明確宣示自己的新式樣專利權範圍，以防止同業仿冒。基

於前述情況，專利法制定聯合新式樣專利制度，保護同一人所創作之近似新式樣，並確認新式樣專利權範圍。

為宣示聯合新式樣採確認說，除規定聯合新式樣必須與其所屬之原新式樣近似外，並於2001年修正專利法，規定聯合新式樣專利要件之審查，應以原新式樣之申請日為判斷基準日。此外，法理上，並應排除聯合新式樣所屬之原新式樣及其他聯合新式樣，不得作為違反先申請原則之依據。

2.1.2 定義

依專利法第109條第2項規定：「**聯合新式樣**，指同一人因襲其原新式樣之創作且構成近似者。」聯合新式樣申請人必須為該聯合新式樣所屬之原新式樣的申請人或專利權人，兩新式樣之物品必須相同或近似，且物品外觀之設計必須相同或近似，但物品及設計均相同之新式樣，不能申請聯合新式樣。

2.1.3 近似設計保護制度之現況

主要工業化國家中，目前僅我國及韓國設計法第7條「類似設計」[1]尚保留聯合新式樣制度。雖然日本舊意匠法（昭和34年）第10條「類似意匠」[2]及英國1949年註冊設計法（Registered Designs Act 1949 "as amended by the Copyright, Designs and Patents Act 1988"）第4條「有關其他物品相同設計的註冊」[3]亦規定類似聯合新式樣之制度，惟兩國均已修正，日本改為關連意匠制度，英國遵循歐盟設計法於2001年廢除該制度。

此外，美國、歐盟及中國大陸均未制定聯合新式樣制度，但美國、歐盟定有多元設計保護制度。

2.2 日本類似意匠理論

　　我國專利法中有關新式樣制度大多參考日本舊意匠法，其中聯合新式樣制度與日本舊意匠法第10條類似意匠制度如出一轍。日本舊意匠法，從明治21至42年，幾乎是以英國法為學習目標[4]；即使昭和34年意匠法仍未脫離英國法的影子，例如日本類似意匠與英國1949年法第4條「有關其他物品相同設計的註冊」在4(1)b中所規定之要件及專利權期間均雷同。

　　日本明治42年意匠法沿襲英國的創作說思想，在概念上意匠係與物品有關，必須指定物品類別；近似意匠之判斷必須屬同一物品[5]，而與物品是否近似無關。日本大正10年意匠法中，將**意匠之定義**從「須應用於物品」轉變為「有關物品」，仍保留指定物品類別之制度，但**意匠權的範圍**包括同一及近似意匠，並有同一或近似物品之概念[6]，學說上認為係採用意匠即物品之原則[7]。日本昭和34年意匠法中廢棄指定物品類別之制度，且第23條規定意匠權人專有於營業上實施註冊意匠及其近似意匠之權利[8]，未觸及物品之同一或近似的問題，但實務上無論審查或法院判決均認為，近似之意匠包括同一及近似物品的範圍[9]。

　　英國1949年註冊設計法廢棄物品之區分，關於新穎性之審查係就設計本身為之（同日本明治42年意匠法），依第7條(1)之規定[10]，註冊設計之權利僅限定於同一物品[11]。

　　有關我國新式樣專利理論之探討極少，在考量新式樣之近似判斷時，有必要藉助外國學說，尤其是一脈相承的日本理論。聯合新式樣制度係參考日本類似意匠而制定者，雖然1999年日本大幅修正意匠法，將類似意匠改為關連意匠制度，惟考量聯合新式樣之定義、專利要件及專利權範圍時，仍有探討日本類似意匠理論之必

要。以下探討日本類似意匠理論擴張說、結果擴張說及確認說等三種，除另有註記者外，本小節以下所指之意匠法概爲昭和34年全面修正之意匠法。

2.2.1 擴張說

擴張說，指類似意匠與原意匠之註冊同屬於行政法上的形成行爲。由於法律規定類似意匠權與原意匠權應結合爲一體（意匠法第22條[12]），故原意匠權應結合類似意匠權構成單一個意匠權範圍，請參考**圖2-1**所示。

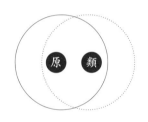

> 擴張說：
> 授予類似意匠權爲行政法上的形成行爲
> 原意匠與類似意匠合體主張權利
> 意匠權合體之範圍外周呈葫蘆形
> 原意匠及於類似意匠近似之意匠

原 原意匠　　　　　————　原意匠之近似範圍
類 類似意匠　　　…………　類似意匠之近似範圍

圖2-1　擴張說之意匠權範圍

由於原意匠固有的近似範圍（專利權保護範圍）本身爲客觀存在者（意匠法第23條），其範圍以外不近似的部分不屬於原意匠權人之權利，但法律規定類似意匠之意匠權應與該類似意匠近似之原意匠權結合爲一體[13]，而將原意匠權範圍擴張及於與其類似意匠近似但與原意匠不近似的部分，即涵蓋原意匠近似範圍以外之部分，顯然已超出第23條之規範，應無主張擴張說之餘地。

 2.2.2 結果擴張說

　　結果擴張說，指類似意匠與原意匠之註冊同屬於行政法上的形成行為，故類似意匠能構成獨立的意匠權範圍，請參考**圖2-2**所示。

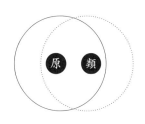

結果擴張說：
日本特許廳採行
授予類似意匠權為行政法上的形成行為
原意匠、類似意匠均及於近似之意匠
原意匠、類似意匠各別主張獨立權利

原 原意匠　　　————　　原意匠之近似範圍
類 類似意匠　　…………　　類似意匠之近似範圍

圖2-2　結果擴張說之意匠權範圍

本說之論理依據在於：

1. 類似意匠權亦經由註冊而發生，仍屬於第23條所規定之註冊意匠，應有其獨立性。
2. 原意匠及類似意匠均為因創作而被授予權利，且兩者之申請手續、註冊要件並無差異，故類似意匠權與原意匠權均有獨立性。

　　實務上，日本特許廳係採結果擴張說之見解，承認類似意匠亦有獨立之範圍，且類似意匠權範圍及於與類似意匠近似但與原意匠不近似的部分，但對於原意匠申請後類似意匠申請前之期間內所出現的他人先申請意匠或公開意匠，不能被類似意匠權所涵蓋。東京高等法院第13民事部對於「端子盤事件」判決：「意匠法第10條第

1項『意匠權人就僅與自己之註冊意匠近似之意匠』，始得准予類似意匠註冊，其意旨係爲避免申請註冊之意匠與其原意匠近似外，亦與其他公開意匠近似而發生混同，故不准其類似意匠註冊。[14]」法院認爲，審查時若原意匠申請後、類似意匠申請前之期間內出現的先申請意匠或公開意匠等先前意匠與原意匠近似，無論其與類似意匠是否近似，均不能作爲核駁依據；但若其與原意匠不近似，而與類似意匠近似，則該類似意匠不得准予註冊，請參考圖2-3所示。

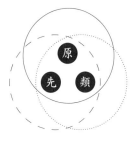

先前意匠與原意匠近似
先前意匠不得作爲核駁依據
類似意匠得准予註冊

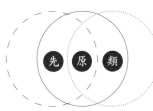

先前意匠與原意匠近似
先前意匠不得作爲核駁依據
類似意匠得准予註冊

先前意匠與原意匠近似
先前意匠不得作爲核駁依據
類似意匠得准予註冊

原 原意匠　　　　　————　　　原意匠之近似範圍
類 類似意匠　　　　‧‧‧‧‧‧‧‧‧　類似意匠之近似範圍
先 先前意匠　　　　— — —　　先前意匠之近似範圍

圖2-3　類似意匠與先前意匠之關係

　　依結果擴張說之理論，審查類似意匠時，除須審究類似意匠與其原意匠是否近似外，尚須審究原意匠與先前意匠是否近似，此外，並須審究類似意匠對照與原意匠不近似之先前意匠，是否具新穎性、創作容易性等要件，而判斷是否具意匠要件之時間點為類似意匠之申請日。

　　依前述判決意旨，審查時原意匠申請後類似意匠申請前之期間內出現的先前意匠與原意匠不近似，而與類似意匠近似，則該類似意匠不得准予註冊。惟依意匠法第26條[15]（先申請優越原則），意匠權人之註冊意匠係利用其意匠註冊申請日前所申請之他人註冊意匠或其近似之意匠者，不得在營業上實施該註冊意匠。前述判決意謂原意匠申請後始出現的先前意匠得侵佔原本屬於原意匠之近似範圍的一部分，此結果有違先申請優越原則，請參考**圖2-4**所示。

先前意匠公開於原意匠申請後類似意匠申請前之期間

類似意匠不得准予註冊

先前意匠侵佔原本屬於原意匠之近似範圍的一部分

原	原意匠	——— 原意匠之近似範圍
類	類似意匠	………… 類似意匠之近似範圍
先	先前意匠	− − − 先前意匠之近似範圍

圖2-4　先前意匠侵佔原意匠之近似範圍

此外，結果擴張說尚有幾個問題待釐清[16]：

1.本說主張類似意匠權與原意匠權均有獨立性，是否違背意匠法第22條類似意匠之意匠權應與其原意匠權結合為一體之規

定？

2. 意匠法第10條第2項僅近似類似意匠而不近似其所屬原意匠之類似意匠，不得取得類似意匠註冊之規定，是否意謂類似意匠權不具近似範圍，而係以確認原意匠權範圍之理論爲前提[17]？

3. 本說主張類似意匠權範圍及於與原意匠不近似的部分，對於第23條意匠權之範圍「專有於營業上實施註冊意匠及其近似意匠之權利」，將意匠權範圍分爲與原意匠近似及與類似意匠近似的兩個權利範圍，是否符合法理？

4. 意匠體系中，無論新穎性（申請前有同一或近似之意匠者）、先申請原則（同一或近似之意匠有二以上意匠註冊申請者）或意匠權範圍（專有實施其註冊意匠及其近似之意匠之權）之規定，均係將相同及近似之意匠以單一創作、單一意匠、單一權利之概念予以處理，而本說將在同一創作概念下之原意匠及類似意匠分爲兩個意匠、兩個權利，是否符合意匠體系？

2.2.3 確認說

確認說，指類似意匠之註冊屬於行政法上的形成行爲，得據以確認原意匠之範圍，故其類似意匠不能構成獨立的意匠權範圍，請參考**圖2-5**所示。

意匠之近似屬事實問題。本說認爲：若改良之意匠與原意匠是否近似並不確定，從而無法確定原意匠權之近似範圍，藉類似意匠制度予以確認，有利於意匠權之利用及實施。

依意匠法第23條規定，意匠權人專有於營業上實施註冊意匠及其近似意匠之權。本說認爲：意匠權包含意匠之同一及近似範

確認說：
日本法界、學界及民間採行
授予類似意匠權爲行政法上的確認行爲
類似意匠不及於近似之意匠
類似意匠依附於原意匠主張權利

原 原意匠 ———— 原意匠之近似範圍
類 類似意匠

圖2-5　確認說之意匠權範圍

圍，係將相同及近似之意匠作爲單一創作、單一意匠、單一權利之概念，故第22條規定，類似意匠之意匠權應與其原意匠權結合爲一體；再者，類似意匠之存續期間與其原意匠同時屆滿、無須繳交年費、僅在意匠證書中附加類似意匠權號數等，均顯示意匠法所規定之類似意匠與原意匠不同，不能構成獨立的意匠權範圍。

於意匠權侵害訴訟中，採確認說之判決佔多數，大阪地方法院曾判決：「雖然決定原意匠之要部的近似範圍時須參酌類似意匠，但並不當然意謂類似意匠權與其原意匠權分別獨立，故類似意匠權之侵害在法律上並無意義，對於被告意匠之近似判斷應與原意匠比對，不能僅與類似意匠比對即予以決定。[18]」

由於類似意匠與其原意匠係屬同一創作概念下之意匠創作，且註冊之類似意匠屬於其原意匠之近似範圍內，依法兩意匠權應結合爲一體，故判斷類似意匠註冊要件之時間點應溯及原意匠之申請日[19]。

2.3 日本意匠之近似理論

　　新式樣專利**近似**一詞見於專利法第109條第2項聯合新式樣之定義、第110條第1項新穎性、第5項聯合新式樣專利要件、第6項不得申請聯合新式樣者、第111條擬制喪失新穎性、第118條第1項先申請原則、第123條第1項新式樣專利權內容、第124條聯合新式樣專利權範圍之限制等。

　　雖然專利法在有關聯合新式樣、專利要件及專利權內容及範圍之限制等條文中出現「近似」一詞，但專利法對於近似並無定義，尚須從學理上或實務上加以探討。

　　日本有關意匠之近似理論有從意匠法目的出發，亦有從意匠之本質價值層面予以探討。

2.3.1 依意匠法目的

　　我國新式樣專利與發明、新型專利合併立法。專利法第1條開宗明義規定：「為鼓勵、保護、利用發明與創作，以促進產業發展，特制定本法。」此規定宣告了專利制度的意義在於：給發明人保護發明的利益，鼓勵發明創作；給社會大眾利用發明的利益，促進產業發展。就國家產業政策的立場，經由專利法，鼓勵、保護、利用發明與創作，終極目的在於促進產業發展、增進公共利益。

　　日本意匠法第1條內容與我國專利法立法目的相近，有關理論簡述如下：

2.3.1.1 創作說

　　創作說認為：意匠法第1條所指的**意匠之保護**係保護意匠的創作價值為前提，其直接目的為第1條所規定的「獎勵意匠之創作」。

意匠雖然有其特有的創新價值，但是本質上意匠和著作物並無不同。在美的表現形式上，著作物與意匠僅在於自律與他律之差異而已，但由於意匠與物品之密切關係，使意匠與產業發生關聯性，而將意匠保護制度納入「產業立法」。因此，本說認爲：意匠的本質爲著作物，難以如發明或實用新案專利一樣，透過技術之進步促進產業發展，故就意匠法目的而言，所稱之「促進產業發展」並不具有重要意義[20]。

本說主張：意匠之近似應以創作者的立場來看創作性是否同一或是否容易，若爲同一或容易，則爲近似。

2.3.1.2 競爭說

競爭說認爲：發明和實用新案專利的保護制度係以促進後續更進一步的發明創作爲動機，直接提升產業發展；意匠則僅在精神層面上豐富人類生活這一點具有社會價值[21]。由於工業財產權法的基本任務在於維護競爭秩序，作爲產業法之一的意匠法，原本就具有保護意匠創作與防止不公平競爭之作用。因此，本說認爲：藉意匠專有權得防止商品來源混同，刺激消費者購買慾，間接發展經濟，達到促進產業發展的目的[22]。

本說主張：意匠的本質爲物品之識別機能，意匠之近似應以需要者的立場來看物品是否混同，需要者購買物品時，若對於相關物品會產生混同，則爲近似。

2.3.1.3 需求說

需求說認爲：意匠係利用物品外觀的特異性吸引市場上需求者的注目，具有促進商品銷售、擴大市場需要的機能，意匠法保護特定意匠物品的專有排他權就是保障該意匠物品具前述機能之內在價值或經濟利益[23]。因此，本說認爲：保護意匠的動機即在於促進商品銷售、擴大市場需要，終極目的爲促進產業發展，而發達經濟係

促進產業發展的實質內容。

　　本說主張：意匠之近似應以需要者的立場來看物品外觀是否具特異性，藉意匠的美感機能的共同性予以判斷，若具有共同之美感，則爲近似[24]。

　　基於以上三說，筆者認爲：專利制度之宗旨以保護私人正當利益爲手段，以防止不公平競爭，進而激發更多更有價值的新式樣創作。就新式樣專利而言，新式樣的本質爲物品與美感設計之結合，其價值在於創新的美感設計。新式樣專利的專有排他權固爲專利法所保護的正當權利，惟保護的客體必須是創新的新式樣。就國家產業政策的立場，專利法的終極目的爲促進產業發展、增進公共利益。新式樣專利的價值並非僅在於消極鼓勵、保護作用的原創性、辨識性，主要仍在於利用創新的美感設計，提高商品價值，擴大市場需求及銷售，始足以完成專利法促進產業發展的終極目的。

2.3.2 依意匠之本質價值

　　新式樣之「近似」爲抽象的概念，專利法並未定義。就法律層面而言，咸認新式樣之「近似」爲事實問題，必須依法律目的之本質價值予以判斷。

　　我國專利法第109條第1項：「**新式樣**，指對物品之形狀、花紋、色彩或其結合，透過視覺訴求之創作。」其與日本1999年意匠法第2條第1項：「本法所稱**意匠**，係指由物品（含物品之一部分。除第8條外）之形狀、花紋、色彩或其結合所構成，而能引起視覺美感之設計者。」比較，除括號內所規定之部分意匠外，兩者內容如出一轍。茲就日本有關之理論，簡述如下：

2.3.2.1 近似理論

■美感說

　　美感說認爲,意匠近似概念之核心在於意匠構成所喚起之美感或視覺印象,即使構成要素之細部有差異,構成要素整體所產生之美感具共通性者,仍應認定爲近似。意匠之近似判斷應以觀察者爲判斷主體,以美感之共通性或視覺印象之共通性爲依歸,而以比對對象整體給予觀察者所產生之美感或視覺印象是否具有共通性作爲判斷標準[25]。

■混同說

　　混同說認爲,意匠法之目的在於防止不公平競爭,意匠之本質在於意匠本身之創新,以刺激需要者的購買慾。意匠之近似判斷應以一般需要者爲判斷主體,以意匠本身是否具有辨識性爲依歸,而以比對對象是否產生混同作爲判斷標準[26]。

■要部說

　　要部說認爲:意匠的本質價值在於擴大市場之需求,意匠的本質特徵爲該意匠之要部,以吸引需要者的注意。要部之確定,係依該意匠所屬領域中形態趨勢之經驗法則予以考察判斷;性質上,意匠之要部係客觀上會引起需要者注意之部分。意匠之近似判斷應以一般需要者爲判斷主體,以意匠本身是否具有足以吸引需要者注意之特異性爲依歸,而以比對對象之要部是否具有共通性作爲判斷標準[27]。

■創作說

　　創作說認爲:意匠法旨在保護創新的意匠,**創新**係意匠法中有關價值判斷之基礎。創作特徵之確定,係對照先前技藝予以考察判

斷；性質上，創作特徵係創作者主觀上創新之部分。意匠之近似判斷應以創作者為判斷主體，以意匠本身是否具有美的特徵之創作性為依歸，而以比對對象之特徵是否具有共通之創作範圍作為判斷標準[28]。

2.3.2.2 兩大類型

　　意匠之近似判斷係經比對後，依所獲得之共通點、差異點綜合評價其對近似之影響予以判斷。以上四說得分為兩大類型，其一係將意匠之近似作為純粹事實問題，而依事實之認識作用予以判斷；其二係認為意匠之近似非純粹事實問題，而依形態價值之共通性予以判斷[29]：

■ 依事實之認識作用判斷

　　無論是以美感或視覺印象之共通性為依歸的美感說，或是以意匠本身是否具有辨識性為依歸的混同說，二說均係以判斷主體心理上所經驗之事實為基礎，依事實之認識作用判斷意匠是否近似。此判斷方式，僅止於主觀的事實認識，欠缺客觀的價值評斷[30]。

　　以圖形示意美感說及混同說之近似判斷，則會出現如圖2-6所示，即使A與B視覺印象混同，使A近似B，且B與C視覺印象混同，使B近似C，若C與A視覺印象不混同，仍應判斷C與A不近似。

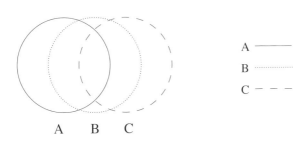

圖2-6　美感說及混同說之近似判斷

■依形態價值之共通性判斷

　　無論是以意匠本身是否具有足以吸引需要者注意之特異性為依歸的要部說，或是以意匠本身是否具有美的特徵之創作性為依歸的創作說，二說均主張意匠之近似判斷並非單純形狀的比對，不得僅取決於主觀的事實認識。由於物品對於形態的制約，意匠之近似與否必須透過該意匠領域之形態發展過程，以其本質價值確認其是否具有形態價值之共通性，予以評斷[31]。

　　以圖形示意要部說及創作說之近似判斷，則會出現如圖2-7所示，若A包含B之特徵，使A近似B，且C亦包含B之特徵，使C近似B，由於A、B及C三者具有共通的創作特徵（或新穎特徵）而無法辨識區別，應判斷三者近似。

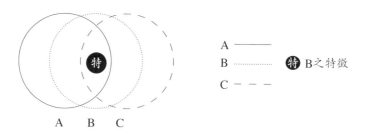

圖2-7　要部說及創作說之近似判斷

2.4 外國有關新式樣近似之規定及實務

　　新式樣之近似概念，無論是依意匠法目的分類的三說或是依意匠之本質價值分類的四說，均為學術理論，雖然各學說有其理論基礎，亦各有其優缺點。揆諸各國審查或專利權侵害訴訟實務之運用，可預見的未來尚未有定於一尊的可能，甚至各國在新穎性審查或專利權侵害判斷上，似有兼取以上各學說之長的趨勢。

2.4.1 法規及審查基準

外國有關新式樣近似之規定及實務均各有不同，本節主要針對美國、歐洲聯盟、日本、中國大陸等之法規及審查基準進行介紹。

2.4.1.1 美國

美國有關設計專利之新穎性規定於35 U.S.C.第102條，及專利審查作業手冊（Manual of Patent Examination Procedure，以下簡稱MPEP）1504.02。法院認定35 U.S.C. 102新穎性之判斷標準：「當平均水準的觀察者（average observer）選出不同於既存設計的新設計（非經修飾）時，就產生建立新穎性所需的差異程度（與先前技藝）[32]」。

對於新穎性是否及於「近似」範圍，前述內容並不明確。35 U.S.C.第103(a)條為非顯而易知性（non-obviousness）之規定，MPEP 1504.03 I. B.中指出：依35 U.S.C. 103(a)核駁設計專利標的，設計專利標的與最接近的先前技藝參考文獻之間的所有差異均應予以確認。若從設計的觀點，任何差異被認為是極微小（de minimis）或瑣碎（inconsequential）者，核駁時應照實陳述[33]。

MPEP 1504.03 II.中指出：整體而言，設計專利標的應與主要的參考文獻比對，若參考文獻與設計專利標的整體的視覺印象不同，而設計專利標的有不同的整體外觀及美感訴求者，應認定具非顯而易知性。在In re Yardley,（CCPA1974）案中，法院判決：在先前技藝上，設計可專利性的考量為外觀的近似性（similarity of appearance）。在In re Harvey,（Fed. Cir. 1993）案中，法院認為：為支持顯而易知的認定，基本的參考文獻應不只是設計概念而已；另外，其外觀應與設計專利標的實質相同（an appearance substantially the same）[34]。

MPEP 1504.03 II. A.中亦指出：對於基本參考文獻的修飾牽涉到構成的改變時，基本和次要的參考文獻兩者均必須來自於近似領域之技藝（analogous art）。In re Glavas, ...（CCPA 1956）。……當應用於申請專利範圍時，近似領域之技藝得被較為寬鬆的解讀為設計的部分係模仿公知或自然而然聯想到之物品的設計[35]。修飾基本參考文獻的表面，……次要的參考文獻是否為近似領域之技藝則無關宏旨，因為該修飾並不牽涉構成或構造的改變，且不會破壞基本參考文獻的特色（外觀及功能）。In re Glavas, ...（CCPA 1956）[36]。

此外，MPEP 1504.01(a) I. A.中指出，電腦產生的圖像（ICON）係由整個螢幕顯示的獨特圖像，該圖像本身為具有二維空間形象（image）的表面裝飾。由於得予專利的設計不得脫離其所應用的物品僅以表面裝飾計畫單獨存在，電腦產生的圖像應表現在電腦螢幕、終端機、其他顯示面板或其部分，以符合37 U.S.C. 171[37]。MPEP 1504.01(a) I. B.中指出，當圖面未以實線或虛線描述電腦產生的圖像表現在電腦螢幕、終端機、其他顯示面板或其部分者，以不符合製品規定的37 U.S.C. 171，核駁設計專利標的[38]。

對於判斷主體，MPEP 1504.02中指出，在評估新穎性時，「平均水準的觀察者」的測試無須設計專利標的和先前技藝為近似領域的技藝。In re Glavas, ...（CCPA 1956）。35 U.S.C. 102所指平均水準的觀察者，其程度無須具備任何技藝的專業知識，亦沒有先前技藝之類的考量。而此觀點亦為35 U.S.C. 102與35 U.S.C. 103(a)之區別，後者係決定對於「所屬領域中具有通常技藝之人士」（a person of ordinary skill in the art），設計專利標的是否為顯而易知[39]。

綜合前述美國MPEP之規定，設計專利之近似判斷並非屬於新穎性範疇，而係審查非顯而易知性時始適用，故判斷主體為所屬領域中具有通常技藝之人士，而非平均水準的觀察者。設計外觀的近似性判斷標準為是否實質相同，若設計專利標的有不同的整體外

觀及美感訴求，而其與先前技藝整體的視覺印象差異極微小或瑣碎者，則認定爲實質相同，不具非顯而易知性。此外，原則上最接近的引證文件必須是近似領域之技藝、公知或容易聯想之物品設計，僅無關構成或構造之部分，得以非近似領域之技藝作爲引證文件。

依前述說明，美國設計專利非顯而易知性之審查範疇涵蓋我國的近似性，似以美感之共通性或視覺印象之共通性爲標準，採美感說，惟其判斷主體並非是觀察者，而爲所屬領域中具有通常技藝之人士。

2.4.1.2 歐洲聯盟

歐盟設計之新穎性規定於歐盟設計法（Council Regulation）第5條：「1.若無相同之設計已能爲公眾得知者，應認定該設計爲新穎……。2.若設計特徵僅在無關實質之細部（immaterial details）有差異，應被視爲相同。[40]」

特異性則規定於歐盟設計法第6條：「1.若一設計給有知識之使用者（informed user）的整體印象（overall impression）不同於已能爲公眾得知之設計者，其應被認定有特異性……。2.在評估特異性時，應考量開發該設計之設計者的自由度（the degree of freedom）。[41]」

此外，歐盟設計的保護範圍規定於歐盟設計法第10條：「1.歐盟設計所授予的保護範圍應包含對有知識的使用者不會造成整體印象不同的設計。2.在評估保護範圍時，應考量開發該設計之設計者的自由度。[42]」

依第10條中之「整體印象」、「自由度」用語，及歐盟設計保護範圍包括具特異性的範圍（依WTO／TRIPs第26條第1項規定，設計專利權之保護範圍包含近似之設計[43]），故可謂第6條所規定授予專利之特異性審查類似我國的近似性。

此外，依第36條「申請案之齊備要件」第6項規定：「具有2（說明設計擬應用或擬結合之產品）及3(a)（圖面或樣品的描述）及(d)（設計擬應用或結合之產品分類的指定）所載之事項的資訊不得影響所載之設計的保護範圍。[44]」產品名稱或分類不能限制設計的保護範圍。

依前述第6條之規定，歐盟設計特異性之審查似採要部說，以該設計與先前技藝之要部是否具有共通性為標準，若申請註冊之設計本身足以吸引有知識之使用者注意，應被認定具特異性。

2.4.1.3 日本

日本意匠之新穎性規定於意匠法第3條第1項：「可供工業利用之意匠創作，除下列者外，得就其意匠取得意匠註冊⋯⋯與前兩款所列意匠近似的意匠。」有關近似意匠之審查指南主要規定於其第2章〈新穎性〉22.1.3.1「公開意匠與全體意匠之異同判斷」，其內容規定：

> 意匠之近似包括意匠物品的用途及機能相同或近似及意匠物品之形態相同或近似，意匠物品及意匠物品之形態均相同者，兩意匠為相同意匠。判斷步驟為：
> 1. 意匠物品之共通點及差異點之認定：係認定各意匠物品之用途及機能的共通點及差異點。
> 2. 形態之共通點及差異點之認定：係認定各意匠物品全體之形態及各部分之形態的共通點及差異點。
> 3. 意匠之異同判斷：指判斷兩意匠所產生之美感近似與否。具體而言，係綜合觀察前述第1及2意匠全體之共通點及差異點，評估其對於意匠異同判斷的影響。
>
> 前述之共通點及差異點對於意匠異同判斷的影響，因個別

意匠而有不同,通常有下列:

1. 容易看見的部分相對影響較大。

2. 習見形態的部分相對影響較小。

3. 若尺寸的差異在意匠所屬領域之常識範圍內者,不至於有影響。

4. 若材質之差異無法表現於外觀上之特徵者,不至於有影響。

5. 僅色彩有差異,在比對形狀或花紋之差異時,不至於有影響。

依前述審查指南內容,日本意匠有關近似之審查主要係以美感之共通性為標準,若申請註冊之意匠與先前技藝所產生之美感相同,應被認定不具新穎性。但判斷異同時,並非將所有特徵均視為同等重要,仍應考量個別意匠之狀況,例如容易看見的部分相對影響較大、習見形態的部分相對影響較小,故可謂日本意匠之近似判斷係兼採美感說及要部說,但以美感說為主,要部為近似判斷之原則之一。此外,實務上,日本意匠有關新穎性之判斷主體為一般消費者。

2.4.1.4 中國大陸

中國大陸之新穎性規定於專利法第23條:「授予專利權的外觀設計,應當同申請日以前在國內外出版物上公開發表過或者國內公開使用過的外觀設計不相同和不相近似,並不得與他人在先取得的合法權利相衝突。」

有關近似外觀設計之審查,規定於審查指南第四部分第五章,適用於新穎性及先申請原則(專利法第9條及細則第13條)之審查,其中第5項之「判斷原則」:如果一般消費者在試圖購買被比外觀設計產品時,在只能憑其購買和使用所留印象而不能見到被比

外觀設計的情況下，會將在先設計誤認為是被比外觀設計，即產生混同，則被比外觀設計與在先設計相同或者與在先設計相近似；否則，兩者既不相同，也不相近似。第6項「判斷方式」：外觀設計之近似，係依一般消費者、單獨對比、直接觀察、隔離對比、僅以產品的外觀作為判斷的對象、綜合判斷及要部判斷等方式予以判斷。此外，只有對於相同或者相近種類的產品，才可能存在外觀設計相近似的情況。

依前述審查指南內容，中國大陸有關近似之審查主要係以外觀設計本身是否具有辨識性為標準，若一般消費者對於申請之外觀設計的印象與先前技藝容易混淆者，該外觀設計應被認定不具新穎性。但其判斷方式包括要部判斷，得結合產品的使用狀態、在先的同類或相近類產品的外觀設計狀況、美感等確定要部，故可謂中國大陸外觀設計之近似判斷係兼採混同說及要部說，而以混同說為主，要部為近似判斷之原則之一。

2.4.2 專利權保護範圍及其侵害訴訟實務

依世界貿易組織「與貿易有關智慧財產權協定」（WTO / TRIPs）第26條第1項規定，設計專利權之保護範圍包含近似之設計（substantially a copy）[45]。

2.4.2.1 美 國

美國發明專利與設計專利的保護範圍均規定於35 U.S.C.第154條(a)(1)：「每一個專利應包含發明之簡稱、專利權人、其繼承人或受讓人，專利權人得排除他人於美國境內製造、使用、為販賣之要約、販賣該發明品或進口該發明品進入美國；若為方法發明，並包括排除他人於美國境內使用、為販賣之要約、販賣，或進口該方法（其事項載於說明書）所製成之產品進入美國。[46]」由於設計專

利係與發明專利合併立法，35 U.S.C.第154條並未特別就設計專利規定其保護範圍包括近似之設計，惟美國法院有關設計專利侵害訴訟的判決均未予以否定。

■Gorham案

1872年美國最高法院在Gorham Co. v. White[47]案中，以一般購買者的觀點判斷系爭物品與系爭專利是否實質相同（substantially the same）。最高法院認為除非系爭物品完全複製系爭專利，始構成設計專利之文義侵害，但完全直接複製是愚笨而罕見的侵權行為，故引用Graver Tank案中之判決。若系爭物品與系爭專利之間不完全相同而有細微差異（slight difference），而該細微差異尚不足以產生不同之視覺效果者，應認定兩者之間無實質差異（no substantial difference），系爭物品與系爭專利實質相同。

最高法院判決：以一般觀察者的觀點，對於系爭物品及系爭專利之設計施予購買時之一般注意力，若兩者之近似欺騙了觀察者，而誘使其購買被誤認之產品，則認為兩者實質相同，系爭物品侵害該設計專利權[48]。

一般注意力，指購買產品時所施予之注意程度，僅注意整體設計所產生之視覺效果，而不注意設計間之細微差異。

此外，在該案中，法院係以「市場上的購買者」（purchaser in the marketplace）定義一般觀察者，認為一般觀察者係居於購買者的立場，而對於專利說明書中所揭露的設計及相關先前技藝並不了解。

■Litton案

美國聯邦巡迴上訴法院於1984年Litton System, Inc. v. Whirlpool Corp. [49]案中，創設新穎特徵（point of novelty）檢測，確立「被告設計必須竊用設計專利之新穎特徵」始構成侵害之原則，而該特徵必須是設計專利對於先前技藝有貢獻的裝飾性特徵。

經Gorham之實質相同檢測，即使判斷系爭物品與系爭專利之視覺性設計整體實質近似，尚不足以認定系爭物品落入專利權之均等範圍，仍須判斷其是否利用系爭專利之新穎特徵。若系爭物品之視覺性設計包含該新穎特徵，始落入專利權之均等範圍。實質相同檢測與新穎特徵檢測已為美國法院在設計專利侵害訴訟中必須進行的雙重檢測（two-fold test）。

■設計專利均等範圍與意匠近似理論

依前述Gorham案美國最高法院判決中之用語，例如「欺騙」（deceive）、「誘使」（inducing）、「誤認（法界將其解釋為 mislead）」（supposing it to be the other），而在Litton案法院判決中提及Gorham案時，亦指出「... Gorham v. White, the distinction from prior designs...」，可謂最高法院係採混同說。有關專利權均等（近似）範圍之判斷係以設計專利與系爭物品之間是否具有辨識性為標準，若一般購買者對於設計專利與系爭物品產生混淆，則認定為實質相同。

惟就Litton案之新穎特徵檢測而言，新穎特徵是設計專利對於先前技藝有貢獻的裝飾性特徵，該定義與日本意匠創作說對於創作特徵的定義如出一轍；而且新穎特徵檢測被認定為係屬法律問題，不得由陪審團決定而必須由法院予以認定，亦如創作說一樣，兩者之判斷主體均非一般購買者或觀察者。在設計專利侵害訴訟中，美國法院認為必須進行實質相同與新穎特徵的雙重檢測，始有構成均等侵害之可能。因此，可謂最高法院係兼採混同說及創作說，系爭物品與系爭專利兩者之間，必須不具辨識性且具有共通之創作特徵，始有構成均等侵害之可能。

2.4.2.2 歐洲聯盟

歐盟設計的保護範圍規定於歐盟設計法第10條第1項：「歐盟

設計所授予的保護範圍應包含對有知識的使用者不會造成整體印象
不同的設計。」設計之保護範圍及於特異性（類似我國近似性）之
設計，其似乎採要部說。

2.4.2.3 日本

日本意匠權的範圍規定於意匠法第23條：「意匠權人專有於營
業上實施註冊意匠及其近似意匠之權利。……」

對於意匠之近似判斷，法院判決大多採美感說或要部說，但採
混同說或創作說者亦不少。

2.4.2.4 中國大陸

中國大陸外觀設計專利權規定於專利法第11條第2項：「外觀
設計專利權被授予後，任何單位或者個人未經專利權人許可，都不
得實施其專利，即不得為生產經營目的製造、銷售、進口其外觀設
計專利產品。」雖然於專利法上並未規定外觀設計專利權及於近似
之外觀設計，惟中國北京高級人民法院審判委員會「關於審理專利
侵權糾紛案件若干問題的規定2003.10.27-29」第17條規定：「……
包括在與外觀設計專利產品相同或相似產品上的相同或者近似的
外觀設計。[50]」第24條第2項復規定：「判斷近似外觀設計，應當
採取視覺直接觀察、時空隔離對比、重點比較要部、綜合判斷的方
法。」因此，可謂中國大陸法院對於外觀設計侵害之近似判斷，一
如審查指南，係兼採混同說及要部說，以混同說為主，要部為近似
判斷之原則之一。

2.5 我國有關新式樣近似之規定及實務

由於筆者多年來參與我國新式樣相關基準之制定，以下針對審
查基準、專利侵害鑑定要點（草案）、綜合說明等進行介紹。

2.5.1 審查基準

依第三篇新式樣專利實體審查基準第三章專利要件2.4「新穎性之判斷基準」，新穎性之審查應以圖說所揭露申請專利之新式樣的整體爲對象，若其與先前技藝之設計相同或近似，且該設計所施予之物品相同或近似者，應認定爲相同或近似之新式樣，不具新穎性。

雖然專利法第110條第1項並未規定新穎性審查之判斷主體，惟爲排除他人在消費市場上抄襲或模仿新式樣專利之行爲，判斷新式樣之相同或近似時，審查人員應模擬普通消費者選購商品之觀點，若先前技藝所產生的視覺印象會使普通消費者將申請專利之新式樣誤認爲該先前技藝，即產生混淆之視覺印象者，應判斷申請專利之新式樣與該先前技藝相同或近似。

新式樣之近似判斷的主體爲普通消費者，其爲該新式樣物品所屬領域中具有普通知識及認知能力的消費者，並非該物品所屬領域中之專家或專業設計者。普通消費者會因物品所屬領域之差異而具有不同程度的知識或認知能力，例如日常用品的普通消費者是一般大眾；醫療器材的普通消費者是醫院的採購人員或專業醫師。

新式樣之近似判斷的方式包括：整體觀察、綜合判斷、以主要設計特徵爲重點、肉眼直觀、直接或間接比對；其中，主要設計特徵包括：新穎特徵、視覺正面及使用狀態下之設計。

由前述審查基準中之用語，例如「視覺效果」、「主要部分」、「混淆」及「新穎特徵」，新式樣之近似判斷似兼採美感說、混同說、要部說及創作說等，但以混同說爲主，要部爲近似判斷之原則之一。

2.5.2 專利侵害鑑定要點（草案）

依專利法第123條第1項規定：「新式樣專利權人就其指定新式樣所施予之物品，除本法另有規定者外，專有排除他人未經其同意而製造、為販賣之要約、販賣、使用或為上述目的而進口該新式樣及近似新式樣專利物品之權。」新式樣專利權保護範圍包括相同或近似之新式樣。

依經濟部智慧財產局2004年10月4日在網站上（http://www. tipo. gov.tw）發布的「專利侵害鑑定要點」（草案），專利侵害訴訟中，系爭物品是否落入新式樣專利權範圍，必須比對、判斷兩者之物品是否相同或近似[51]、兩者之視覺性設計整體是否相同或近似[52]及系爭物品是否包含新穎特徵[53]。

除相同之新式樣外，新式樣專利權範圍尚包括三種近似新式樣之態樣：近似設計應用於相同物品、相同設計應用於近似物品及近似設計應用於近似物品。

比對、判斷系爭專利與系爭物品之視覺性設計整體是否近似時，應模擬普通消費者選購商品之觀點。若系爭物品所產生的視覺效果會使普通消費者誤認，而使系爭專利與系爭物品之視覺效果混淆者[54,55]，應判斷兩者之視覺性設計整體近似。判斷原則包括：全要件原則、比對整體設計、綜合判斷、以主要部位為判斷重點、肉眼直觀、同時同地及異時異地比對、判斷等。

由於視覺性設計整體是否近似與是否包含新穎特徵兩種判斷之性質（事實問題與法律問題）不同，判斷主體不同，故應於判斷系爭物品之視覺性設計整體與系爭專利構成近似後，再判斷該視覺性設計是否包含系爭專利之新穎特徵。

有關新式樣之近似判斷，新式樣專利侵害鑑定要點（草案）內容與審查基準雷同，兩者之差異在於該要點中係將新穎特徵檢測

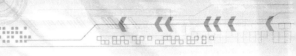

與視覺性設計整體是否近似之判斷分成兩步驟,而審查基準係將新穎特徵作為新式樣之要部。因此,可謂兩者均係兼採混同說及要部說,而以混同說為主,要部為近似判斷之原則之一。

依前述草案內容,作為一判斷步驟之新穎特徵檢測與美國發明專利均等侵害判斷法則比較後,有以下幾點值得探討(詳細理由另文探討):

1.開創性設計之保護力度不及改良設計。

2.均等範圍不及於抄襲部分新穎特徵之新式樣。

3.幾乎沒有適用先前技藝阻卻之可能。

2.5.3 綜合說明

日本意匠近似理論為學術性質,揆諸各國審查或專利權侵害訴訟實務之運用,大多兼採各說,如**表2-1**:

表2-1 各國新式樣專利之近似概念分析

各國新式樣專利之近似概念分析			
國家/地區	審查基準	專利侵害訴訟實務	各說分布
台灣	美感、混同、要部	美感、混同、要部、創作	美感:5
美國	美感	混同、創作	混同:6
歐洲聯盟	要部	要部	要部:8
日本	美感、要部	美感、混同、要部、創作	創作:3
中國大陸	混同、要部	混同、要部	

依上表之分析,除歐盟設計法採註冊制度且施行時間尚短,仍無法確知其近似概念,僅能就其法律規定予以判斷外,其他國家大多採混合制,並未獨鍾一說。惟就各國所採之各說分布,依事實之認識作用判斷者,包括美感說及混同說,計11,其中美感說5,混同說6;依形態價值之共通性判斷者,包括要部說及創作說,計

11，其中要部說8，創作說3。

依事實之認識作用判斷與依形態價值之共通性判斷兩類勢均力敵，可見無論就法理或實務，兩類併存不僅可行且有其必要，毋須獨尊其一。此外，美感說5，混同說6，雖說難分軒輊，但因美感說之判斷過於主觀，實務上已漸漸偏向混同說。

2.6 聯合新式樣採確認說之依據

我國聯合新式樣採確認說[56]，日本類似意匠採結果擴張說，兩者之依據為何？以下分別就近似理論及法律兩層面探討。

2.6.1 從近似理論層面探討

我國新式樣審查之近似判斷以混同說為主，要部為近似判斷之原則之一，日本意匠審查之近似判斷以美感說為主，要部為近似判斷之原則之一。依本章2.3日本意匠之近似理論中之說明，美感說及混同說係依事實之認識作用予以判斷，要部說及創作說係依形態價值之共通性予以判斷，故我國對於新式樣及日本對於意匠之近似判斷，均兼顧事實之認識及形態價值之共通性。惟聯合新式樣採確認說，類似意匠採結果擴張說，各有主張及理論依據，說明如下。

2.6.1.1 結果擴張說之近似判斷

日本特許廳採結果擴張說，前述2.2.2結果擴張說中東京高等法院第13民事部支持此說，在「端子盤事件」判決：依意匠法第10條第1項「意匠權人就僅與自己之註冊意匠近似之意匠」……審查時，若先前意匠與原意匠近似，無論其與類似意匠是否近似，均不能作為核駁依據；但若其與原意匠不近似，而與類似意匠近似，則該類似意匠不得准予註冊。

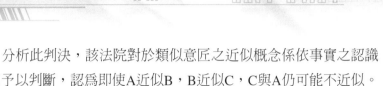

分析此判決，該法院對於類似意匠之近似概念係依事實之認識作用予以判斷，認為即使A近似B，B近似C，C與A仍可能不近似。此判決與意匠審查之近似判斷理論一致，均依事實之認識作用予以判斷。因此，可謂結果擴張說係採美感說或混同說之理論，只要具有共通的視覺印象，而產生混同者，應准予類似意匠。

以圖形示意結果擴張說，類似意匠與原意匠近似者，應准予類似意匠。他人之意匠無論是與類似意匠近似（**圖示A**）、與原意匠近似（**圖示B**）或與兩意匠均近似（**圖示C**），三種狀況皆屬於意匠權近似範圍，請參考**圖2-8**。

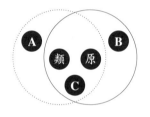

原	原意匠	———	原意匠之近似範圍
類	類似意匠	………	類似意匠之近似範圍
A	他人意匠		
B	他人意匠		
C	他人意匠		

圖2-8　結果擴張說

2.6.1.2 確認說之近似判斷

由於聯合新式樣與其原新式樣係屬同一創作概念下之新式樣創作，且聯合新式樣專利屬於其原新式樣之近似範圍內，我國聯合新式樣採確認說，判斷聯合新式樣專利要件之時間點溯及原新式樣申請日[57]。確認說之近似判斷得參酌前述**2.2.3確認說**中大阪地方法院之判決：雖然決定原意匠之要部的近似範圍時須參酌類似意匠，類

似意匠權之侵害在法律上並無意義，對於被告意匠之近似判斷應與原意匠比對，不能僅與類似意匠比對即予以決定。

　　分析此判決，法院對於意匠近似之概念係依形態價值之共通性予以判斷，若A包含B之特徵，使A近似B，且C亦包含B之特徵，使C近似B，由於A、B及C三者具有共通的形態價值，應判斷三者近似。此判決與意匠審查之近似判斷理論不一致，後者係依事實之認識作用予以判斷。因此，可謂確認說係採要部說或創作說之理論，只要具有共通的創作特徵（或新穎特徵）而無法辨識區別者，得准予聯合新式樣專利。

　　以圖形示意確認說，聯合新式樣與原新式樣近似，亦即聯合新式樣包含原新式樣之特徵者，應准予聯合新式樣專利。他人之新式樣（**圖示A或B**）包含原新式樣之特徵，由於原新式樣與A、B三者具有共通的創作特徵（或新穎特徵）而無法辨識區別，應判斷A、B近似原新式樣。判斷時，得參酌聯合新式樣，確定原新式樣與聯合新式樣共通的創作特徵（或新穎特徵），如**圖2-9**所示。

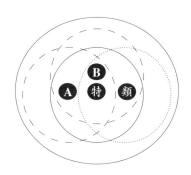

特 原新式樣特徵　　———　原新式樣及原新式樣特徵之近似範圍
聯 聯合新式樣　　　…………　聯合新式樣之近似範圍
Ⓐ 他人新式樣　　　－ － －　他人新式樣之近似範圍
Ⓑ 他人新式樣　　　－ － －　他人新式樣之近似範圍

圖2-9　確認說

基於前述說明，聯合新式樣之確認說係依形態價值之共通性，判斷兩新式樣是否構成近似，但新式樣審查之近似判斷主要係依事實之認識作用，以混同說為主，要部為近似判斷之原則之一。聯合新式樣之確認說與新式樣審查之近似判斷所依據之理論不一致，可能造成實務操作上的矛盾。

2.6.2 從法律層面探討

專利法有關聯合新式樣之法條為第109條第1項定義、第110條第5項專利要件、第6項不得擴張規定、第124條聯合新式樣專利權範圍及期間之限制與第126條聯合新式樣專利權實施之限制，除第110條第5項[58]專利要件之規定與類似意匠所適用之一般意匠註冊要件不同外，其他規定之內容大致雷同。此外，專利法並無日本意匠法（昭和34年）第22條類似意匠之意匠權及第26條與他人之註冊意匠等之關係的規定。

對於相同及近似之新式樣，新式樣專利體系中係以單一創作、單一新式樣、單一權利之概念予以處理。因此，在審查上，專利法第110條第5項規定，聯合新式樣實體審查係以原新式樣申請日為判斷基準日；並且在新穎性、先申請原則等專利要件方面，均將相同及近似之新式樣一併處理。

對於聯合新式樣專利權，專利法第124條及第126條限制聯合新式樣專利權範圍、期間及實施，將聯合新式樣與獨立新式樣專利權切割處理，實質上之規定與意匠法第22條之效果[59]並無不同。

在前述**2.2.2 結果擴張說**中已述及，以原意匠申請後類似意匠申請前之期間內出現的先前意匠核駁類似意匠，會侵佔原本屬於原意匠之近似範圍的一部分，而違背意匠法第26條先申請優越原則。惟聯合新式樣實體審查係以原新式樣申請日為判斷基準日，並不會造

成困擾，故就聯合新式樣而言，不致於受第26條先申請優越原則之
影響。

　　意匠法第10條第2項規定僅近似類似意匠而不近似其原意匠之
類似意匠不得取得類似意匠註冊；專利法第110條第6項有類似之規
定。雖然有一說認為該規定意謂類似意匠權不具近似範圍，而係以
確認原意匠權範圍之理論（即確認說）為前提。惟依意匠之近似理
論，確認說係依形態價值之共通性為標準，只要具有共通的創作特
徵，應認定為近似，並不會產生A近似B、B近似C、C與A不近似之
情況。事實上，我國施行聯合新式樣制度以來，亦未曾發生申請人
主張其所申請之聯合新式樣的母案係其另一聯合新式樣的情況。

　　綜合以上說明，專利法第110條第5項之規定意謂聯合新式樣係
採確認說；惟第6項卻意謂聯合新式樣理當採結果擴張說。除這兩
項規定以外，其他專利法中之規定，均與採結果擴張說之日本意匠
法雷同，無法據以認定聯合新式樣之法律依據。

2.7 聯合新式樣之申請

　　申請專利時，申請人應備具申請書及圖說，向智慧財產局提出
申請。聯合新式樣與獨立新式樣之申請並無太大不同，以下說明申
請聯合新式樣時，應注意之事項。

2.7.1 申請書及新式樣物品名稱

　　申請聯合新式樣專利，應於申請書載明原新式樣申請案號，並
檢附原新式樣圖說一份。

　　申請聯合新式樣，所指定之新式樣物品名稱與原新式樣物品名
稱近似即可，例如申請鋼珠筆為原申請案鋼筆之聯合新式樣，其物

品名稱應記載為「鋼珠筆」，不需改為「鋼筆聯合一」，俾與實際
物品相符[60]。

2.7.2 創作說明

申請聯合新式樣，應於圖說創作說明欄，就其物品用途或創作
特點，敘明其與原新式樣申請案差異之部分。

2.8 聯合新式樣之專利要件

除以下所述者外，聯合新式樣專利要件之審查準用獨立新式樣
之規定。

2.8.1 定義

聯合新式樣之定義規定於專利法第109條第2項：「聯合新式
樣，指同一人因襲其原新式樣之創作且構成近似者。」違反定義
者，應依第109條第2項之規定予以核駁。

2.8.1.1 同一人

聯合新式樣之申請人應與其所附麗之原新式樣申請人（取得專
利權者，則為專利權人）相同。

2.8.1.2 申請聯合新式樣之期間

申請聯合新式樣之期間限制於原新式樣已提出申請（包括申請
當日）或原新式樣專利權仍有效存續者，始得為之。原新式樣專利
權消滅、撤銷或專利權期間屆滿後，聯合新式樣即無所附麗，不得
申請、取得聯合新式樣專利[61]。

2.8.1.3 近似

　　近似之新式樣包括三種態樣[62]：(1)應用於近似物品之相同設計；(2)應用於相同物品之近似設計；(3)應用於近似物品之近似設計。

　　除(1)之態樣外，(2)、(3)之態樣的聯合新式樣係援用其所附麗之原新式樣的新穎特徵而與原新式樣構成近似，據以確認原新式樣專利權所及之近似範圍。

2.8.2 新穎性（含擬制喪失新穎性）

　　審查聯合新式樣之專利要件，包括新穎性及先申請原則，原新式樣申請日至聯合新式樣申請日之間，任何已見於刊物、已公開使用、已爲公衆所知悉或已申請新式樣專利之設計，皆不得作爲核駁該聯合新式樣之依據，亦即聯合新式樣專利要件之判斷應以原新式樣之申請日爲基準日[63]。

2.8.3 創作性

　　聯合新式樣附麗其原新式樣，兩者係基於同一創作概念，故無須審查聯合新式樣之創作性。

2.8.4 僅近似相關之聯合新式樣

　　聯合新式樣所附麗之原新式樣必須爲獨立新式樣，不得爲聯合新式樣。

2.8.5 先申請原則

　　受先申請原則要件之限制，相同或近似之新式樣有二以上之專利申請時，僅得就其最先申請者准予專利；但同一人有與其原新式

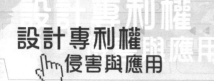

樣近似之新式樣，得申請聯合新式樣。

審查先申請原則要件，所引證之先前技藝應排除聯合新式樣所屬之原新式樣及其他聯合新式樣。

2.8.6 揭露要件

圖說應明確且充分揭露，使該新式樣所屬技藝領域中具有通常知識者能瞭解其內容，並可據以實施，得以使用狀態圖或其他輔助圖面揭露物品之用途、功能或新式樣之創作特點。

2.9 聯合新式樣專利之效果

本節主要針對專利權範圍及期間之限制、實施聯合新式樣專利權之限制等逐一進行說明。

2.9.1 專利權範圍及期間之限制

聯合新式樣專利權從屬於原新式樣專利權，不得單獨主張權利，且不及於近似範圍，即其專利權範圍僅及於相同之新式樣。

聯合新式樣專利權期限始於公告日，而與其原新式樣專利權期限同時屆滿。原新式樣專利權撤銷或消滅者，其聯合新式樣專利權應一併撤銷或消滅。

2.9.2 實施聯合新式樣專利權之限制

聯合新式樣專利權不得單獨讓與、信託、授權或設定質權，亦即欲將聯合新式樣專利權讓與、信託、授權或設定質權者，必須與其原新式樣專利權一併為之。

2.10 日本關連意匠

　　依日本昭和34年舊意匠法第10條之規定，在意匠權之侵害訴訟中，類似意匠不得作為被侵害之訴訟標的，而應以原意匠之意匠權是否受到侵害作為訴訟標的，並且完全不認可類似意匠獨立的意匠權範圍。

　　再者，基於每一件創作之保護價值均相同的原則，對於同一設計、創作概念下所創作之變化設計（variety design），產業界強烈認為原意匠或類似意匠均應有相同的保護效果，可以單獨以類似意匠之意匠權提起侵害訴訟。

　　為達成前述之目的，日本國會遂於1999年（平成11年）修正舊意匠法第22條類似意匠權與原意匠權應結合為一體的規定，並創設關連意匠制度[64]。本小節中所指之意匠法為1999年修正、2001年施行之意匠法。

2.10.1 沿革

　　明治32年（1899年）意匠法中導入類似意匠制度（第2條第3款但書[65]），歷經明治42年、大正10年及昭和34年意匠法大幅修正，仍然保留該制度。平成11年始廢除類似意匠並導入關連意匠制度。

2.10.2 何謂關連意匠

　　意匠法第9條係為排除重複註冊意匠，規定一個創作不得授予二個以上之權利。但在設計開發的實際情況，一個創作概念會衍生多個變化設計，而從創作的觀點，每一個變化設計均具有同等的價值。為調和前述兩種觀念之矛盾，日本國會創設關連意匠制度，對

於一個創作概念下所衍生之近似設計，限於同一日申請者，例外以關連意匠予以保護，取得之關連意匠權得獨立行使權利，並允許近似範圍重疊[66]。

依平成11年意匠法第10條[67]之規定，意匠註冊申請人就與自己同日申請註冊之意匠中之任一意匠近似的意匠，得申請關連意匠註冊，不受第9條第2項先申請原則中同一日申請近似意匠之限制。但關連意匠所屬之原意匠不得為另一關連意匠。依以上之規定，除申請之期間限於與原意匠同一日之外，仍保留類似意匠原有的「同一申請人」及「近似原意匠」之規定。

2.10.3 要件

依意匠法第10條第1項規定，為取得關連意匠註冊，除必須符合一般註冊要件，包括先申請原則中不同日申請相同或近似之意匠外（排除第9條第2項），申請註冊之意匠尚須符合下列額外之要件：

1.與原意匠為同一申請人。
2.與原意匠近似。
3.與原意匠同一日申請。

2.10.4 關連意匠為部分意匠之處理

無論先申請部分意匠後申請全體意匠，或同日申請部分意匠與全體意匠，即使意匠物品欄所載之物品相同，無論在任何情況下，部分意匠與全體意匠之間均不被認為適用意匠法第9條先申請原則之規定[68]。

意匠權範圍限於物品相同或近似且意匠相同或近似；在物品相同或近似的情況下，即使物品之部分意匠與另一物品之全體意匠

相同或近似，就兩物品整體外觀而言，無美感共通性，尚不致於混淆。同理，關連意匠與其原意匠之近似，限於申請註冊之意匠範圍必須近似。換句話說，關連意匠為部分意匠者，其原意匠必須為部分意匠，始得認定為近似；關連意匠為全體意匠者，其原意匠必須為全體意匠，始得認定為近似。

2.10.5 僅近似關連意匠之處理

意匠法第10條第2項規定：「依前項規定取得意匠註冊之關連意匠，僅與其近似的意匠，不得申請意匠註冊。[69]」僅近似關連意匠之意匠，指不近似該關連意匠所屬之原意匠，而近似該原意匠之其他關連意匠。

對於僅近似關連意匠之意匠，雖然得依該規定核駁，但由於關連意匠仍必須符合一般註冊要件，若該意匠與其申請日之前的先前意匠（已設定註冊之先申請之意匠、公開意匠）相同或近似，屬於意匠法第10條第2項以外之規定者，優先適用該規定。

2.10.6 關連意匠權範圍及期間之限制

依意匠法第23條規定：「意匠權人，專有於營業上實施註冊意匠及其近似意匠之權利。……[70]。」並未將獨立意匠權與關連意匠權分開處理。平成11年意匠法創設關連意匠制度，其立法方向係使關連意匠權與原意匠權之間無附麗關係，亦即得以關連意匠權獨立行使權利，故對於關連意匠權之範圍或期間均無限制，除因原意匠存續期間屆滿關連意匠須一併消滅外，在其他狀況下關連意匠均毋須隨原意匠權消滅而消滅[71]。

2.10.7 實施關連意匠權之限制

　　雖然得以關連意匠權獨立行使權利，但其與所屬之原意匠權的近似範圍重疊，故對於其權利之移轉及授權實施仍有相當之限制，以避免實施關連意匠權侵害他人原意匠權之矛盾。

　　對於關連意匠權移轉之限制，意匠法第22條第1項規定：原意匠與關連意匠之意匠權，不得分開移轉[72]。

　　對於關連意匠專屬實施權之限制，意匠法第27條第1項規定：原意匠或關連意匠之意匠權設定專屬實施權，僅限於原意匠及所有關連意匠之意匠權對於同一人同時設定時，始得設定[73]。

2.10.8 原意匠消滅時關連意匠之處理

　　關連意匠制度有二項重點：「關連意匠非附麗於原意匠，得獨立行使關連意匠權」、「允許原意匠與關連意匠之間有重疊的近似範圍」。原意匠權因存續期間屆滿以外的理由（放棄意匠權、不繳納註冊規費、無效審判確定）而消滅者，由於尚在存續中之關連意匠仍有同等的創作價值，為確保權利關係之安定性，該關連意匠仍不適用意匠法第9條第2項之規定。但該關連意匠在存續期間、移轉及授權實施方面仍受限制[74]。

2.10.9 與聯合新式樣之比較

　　以下就日本關聯意匠與我國聯合新式樣在：(1)理論層面；(2)審查要件；(3)專利權範圍、期間及實施之限制；(4)部分設計之影響等進行比較。

2.10.9.1 理論層面

專利法第110條第6項：「同一人不得就與聯合新式樣近似之新式樣申請為聯合新式樣專利。」本規定之內容同樣見於日本平成11年意匠法第10條第2項及舊意匠法（明治42年）同一條項。

在前述 **2.6.1從近似理論層面探討**中，已說明聯合新式樣之確認說係依形態價值之共通性，判斷兩新式樣是否構成近似；類似意匠之結果擴張說主要係依事實之認識作用，判斷兩新式樣是否構成近似，兩者理論不一致。

關連意匠制度施行僅短短五年，法院判決尚不足以形成理論，惟現行意匠法第10條第2項之規定大抵上係依舊法規定，且依意匠法第23條規定：「意匠權人，專有於營業上實施註冊意匠及其近似意匠之權利……。」並未將獨立意匠權與關連意匠權分開處理。「平成10年日本意匠審查運用基準」，有關意匠法第10條關連意匠「修正之意義」中特別強調：「將類似意匠與原意匠權利合體的規定予以修正，認可同一人於同日申請近似的意匠，得有各自獨立權利的意匠註冊，而創設了意匠權的近似範圍相互重疊的關連意匠制度。」2002年意匠審查基準中之73.1「何謂意匠」中亦強調「……例外以關連意匠予以保護，而能行使各自意匠之權利。」綜上說明，關連意匠似仍循結果擴張說之理論，而與聯合新式樣之確認說不一致。

2.10.9.2 審查要件

1. **申請期間**：申請聯合新式樣之期間限制於原新式樣已提出申請（包括申請當日）或原新式樣專利權仍有效存續。申請關連意匠之期間限於與原意匠同一日。

2. **新穎性（含擬制喪失新穎性）**：審查聯合新式樣專利要件，包括新穎性、擬制喪失新穎性及先申請原則，應以原新式樣

申請日為判斷基準日。關連意匠與其原意匠之申請日為同一日,應以該申請日為判斷基準日。

3. **創作性**:聯合新式樣附麗其原新式樣,兩者係基於同一創作概念,故無須審查聯合新式樣之創作性。意匠法並未明文規定關連意匠無須審查創作容易性。

4. **先申請原則**:專利法雖未明文規定,惟於法理上審查聯合新式樣之先申請原則要件,所引證之先前技藝應排除聯合新式樣所屬之原新式樣及其他聯合新式樣。意匠法明文規定關連意匠與原意匠及其他關連意匠之間,不適用先申請原則中同一日申請近似意匠之限制。

2.10.9.3 專利權範圍、期間及實施之限制

聯合新式樣專利權從屬於原新式樣專利權,不得單獨主張權利,且不及於近似範圍。關連意匠具有獨立之權利,及於近似範圍。

聯合新式樣專利權期限與其原新式樣專利權期限同時屆滿;原新式樣專利權撤銷或消滅者,其聯合新式樣專利權應一併撤銷或消滅。關連意匠專利權期限與其原意匠期限同時屆滿;但原意匠撤銷或消滅者,其關連意匠仍存續。

聯合新式樣專利權不得單獨讓與、信託、授權或設定質權,必須與其原新式樣專利權一併為之。關連意匠受同樣限制,亦不得單獨移轉或授權,原意匠被撤銷或消滅者,仍受同樣限制。

2.10.9.4 部分設計之影響

由於目前我國尚未導入部分設計制度,故以下將以日本意匠法中的部分意匠制度進行介紹。日本意匠法係於1999年創設關連意匠制度,並同時導入部分意匠制度。由於意匠權範圍限於物品相同或近似且意匠相同或近似,關連意匠與其原意匠之近似,限於申請註

冊之意匠範圍必須近似。換句話說，關連意匠為部分意匠者，其原意匠必須為部分意匠，始得認定為近似；關連意匠為全體意匠者，其原意匠必須為全體意匠，始得認定為近似。

　　日本導入部分意匠制度時，一併修正意匠圖面繪製的規定。以往意匠圖面不容許有虛線，僅實線所構成之意匠始得作為解釋意匠權範圍之依據。導入部分意匠制度後，係以實線描繪「要註冊之部分」，而以虛線描繪之「其他部分」作為界定「要註冊之部分」位置、大小及範圍之依據。

　　由於圖面所揭露之內容分為「要註冊之部分」及「其他部分」，申請人係以圖面具體主張所欲取得權利之部分。若將意匠有關虛線之繪製規定導入新式樣專利，依專利理論，申請人揭露於說明書或圖式但未載於申請專利範圍中之技術手段，即揭露於「其他部分」但未揭露於「要註冊之部分」，應視為貢獻給社會公眾[75]，故權利範圍僅能以申請人所主張「要註冊之部分」為依據，並認定該「要註冊之部分」並無任何部位是不重要或無關實質[76]，任何部位之設計均為申請專利之新式樣的限制條件。準此，則無論是獨立新式樣之專利要件的判斷方式、聯合新式樣與原新式樣的近似判斷或新式樣專利權範圍之侵害判斷，均無須再強調主要設計特徵或要部，而完全回歸新式樣專利實體審查基準或專利侵害鑑定要點（草案）中之新穎特徵判斷（美國Litton新穎特徵檢測）。

2.11 綜論聯合新式樣專利

　　我國聯合新式樣之確認說係依形態價值之共通性，判斷兩新式樣是否構成近似；日本關連意匠之結果擴張說係依事實之認識作用，判斷兩意匠是否構成近似。若聯合新式樣改採結果擴張說，依該說之理論：「A近似B、B近似C、C可能與A不近似」、「聯合新

式樣非附麗於原新式樣，得獨立行使權利」、「允許原新式樣與聯合新式樣之間有重疊的近似範圍」，除直接影響專利法第124條及第126條但書之規定外，並須調整第110條等有關專利要件的審查規定，例如新穎性及創作性均須審查，並應以聯合新式樣之申請日為判斷基準日。至於專利法第110條第6項聯合新式樣所屬之原新式樣不得為另一聯合新式樣之規定，仍得保留。

新穎性的審查包括相同與近似概念者，例如我國、日本及韓國，始有保護近似設計之制度；美國及歐盟對於新穎性僅及於相同或幾乎相同，不包括近似範圍，近似（實質相同）及公知設計手法則屬於非顯而易知性審查之範疇；中國大陸則將新穎性與創造性融合為一[77]。但在侵權判斷時，依TRIPs第26條規定，每一個國家均及於近似範圍，其中美國將近似視為均等，而台灣專利法第123條第1項、日本意匠法第23條及韓國設計法第41條均明定排除他人實施近似設計之物品。

若依美國法院判決，均等論、禁反言原則及先前技術阻卻均係基於衡平所衍生之理論，且禁反言原則及先前技藝阻卻減縮的是專利權之近似範圍。在法理上，我國的近似新式樣是否為基於衡平所衍生的均等範圍？不無疑問。若在我國近似新式樣非屬均等範圍，會產生以下近似理論邏輯混亂的問題：若專利侵害訴訟中系爭物品被認定與專利權構成近似，且適用先前技藝阻卻，即系爭物品亦與先前技藝近似，基於確認說之理論，則該專利權必然違反專利要件，應循舉發程序處理，而造成無適用先前技藝阻卻之空間。

無論是日本意匠或我國新式樣，適用近似理論時，均有邏輯混亂的現象，對於有關新式樣近似概念之新穎性審查、聯合新式樣，甚至新式樣專利權範圍之侵害判斷，均有檢討之空間。筆者認為在近似判斷方面，美式架構有其優點，不妨作為下次修正專利法之參考。

　　至於聯合新式樣制度存廢的問題，筆者以爲任何制度均有其目的，亦有其限制，保留聯合新式樣制度固有如前述近似概念邏輯混亂的現象，惟若只是廢除該制度，而未思考產業界對於整體設計保護制度的需求，例如是否導入部分設計保護制度？甚至，在導入部分設計保護制度之餘，是否同時擴大新式樣保護範圍，導入日本的組物意匠制度或歐、美的多元設計保護制度？是否有必要導入美國連續申請、部分連續申請制度，將我國國內優先權制度擴大適用於新式樣專利？若未整體思考新式樣專利保護制度，積極迎合產業界的需求，我國的新式樣專利制度恐難與先進國家並駕齊驅。

註　釋

[1] Design Law Article 7 (Similar Design): (1) The owner of a design right or an applicant for design registration is entitled to obtain design registration which is similar only to his registered design or design for which an application for registration has been filed as a similar design. (2) Paragraph (1) shall not apply where a design that is similar only to a similar design registered or applied for registration under paragraph (1).

[2] 「日本意匠法」（昭和34年版）第10條：
(1)意匠權人就僅與自己之註冊意匠近似之意匠，得為類似意匠之意匠註冊。
(2)僅與依前項規定取得意匠註冊之類似意匠近似之意匠，不適用前項規定。

[3] Registered Designs Act 1949 (as amended by the Copyright, Designs and Patents Act 1988): Section 4 Registration of same design in respect of other articles, etc. (1)Where the registered proprietor of a design registered in respect of any article makes an application –

(a)for registration in respect of one or more other articles, of the registered design, or

(b)for registration in respect of the same or one more other articles of a design consisting of the registered design with modifications or variations not sufficient to alter the character or substantially to affect the identity thereof, the application shall not be refused and the registration made on that application shall not be invalidated by reason only of the previous registration or publication of the registered design.

Provided that the right in a design registered by virtue of this section shall not extend beyond the end of the period, and any extended period, for which the right subsists in the original registered design. ...

[4] 黃文儀（1995）。〈從日本意匠制度論新式樣之近似判斷〉，《工業財產權與標準》。第26期（5月），頁31。

[5] 「日本意匠法」（明治42年版）第8條規定：意匠權人關於指定之物品，專有利用註冊意匠之權；第24條，利用第8條中同一物品的註冊意匠之近

似意匠屬侵害。

[6] 「日本意匠法」（大正10年版）第8條規定：意匠權人專有實施註冊意匠有關之物品之權；第26條規定：凡實施與註冊意匠有關之物品同一或近似之物品屬侵害。

[7] 高田忠。《意匠》。頁31。

[8] 「日本意匠法」（昭和34年版）第23條：意匠權人，專有於營業上實施註冊意匠及其近似意匠之權利。但就其意匠權設定專屬實施權者，對於專屬實施權人專有實施其註冊意匠及其近似意匠之權利，不在此限。

[9] 日本特許廳（2000）。「意匠審查基準」，「公開意匠與全體意匠之異同判斷」。

[10] Registered Designs Art 1949 Section 7 Right given by registration: 7(1) The registration of a design under this Act gives the registered proprietor the exclusive right... an article in respect of which the design is registered and to which that design or a design not substantially different from it has been applied.

[11] 黃文儀（1995）。〈從日本意匠制度論新式樣之近似判斷〉，《工業財產權與標準》。第26期（5月），頁32。

[12] 「日本意匠法」（昭和34年版）第22條：類似意匠之意匠權，應與該類似意匠相近似而最先取得意匠註冊（類似意匠之意匠註冊者除外）之意匠的意匠權結合為一體。

[13] 齋藤瞭二（1985）。《意匠法》。發明協會，頁298。類似意匠權之合體的效果：(1)存續期間之附隨性；(2)權利消滅之附隨性；(3)主體的同一性。

[14] 東京高等法院昭和58年第232號，昭和59年9月17日，《特許與企業》，1984年10月號。

[15] 日本意匠法（昭和34年版）第26條：意匠權人、專屬實施權人或非專屬實施權人，其註冊意匠利用其意匠註冊申請日前申請之他人註冊意匠或其近似之意匠，特許或實用新案者，或其意匠權中有關註冊意匠部分牴觸其意匠註冊申請日前申請之他人特許權、實用新案權、商標權或在其意匠註冊申請日前發生之他人著作權者，不得在營業上實施該註冊意匠。

[16] 黃文儀（1994）。《申請專利範圍的解釋與專利侵害判斷》。台北：三民書局，頁454-455。

[17] 關於此點，筆者認為意匠法第10條第2項規定適用於結果擴張說。

[18] 大阪地方法院昭和57年第5803號，昭和59年4月26日判決，《特許與企業》，1984年7月號。

[19] 黃文儀（1994）。《申請專利範圍的解釋與專利侵害判斷》。台北：三民書局，頁453。

[20] 牛木理一。《意匠法的研究》，頁54、219。

[21] 高田忠。《意匠》。頁3。

[22] 播磨良承，《發明》VOL.72，No.8，頁90。

[23] 高須賀，〈意匠的審判實務〉，*Patent* VOL.32，No.5，頁36。

[24] 兼子染野。《工業所有權法》。頁580。

[25] 齋藤瞭二（1985）。《意匠法》。頁153-170、175。

[26] 齋藤瞭二（1985）。《意匠法》。頁153-170、176。

[27] 齋藤瞭二（1985）。《意匠法》。頁153-170、176。

[28] 齋藤瞭二（1985）。《意匠法》。頁153-170、177。

[29] 黃文儀（2001），「新式樣近似判斷之相關理論」，2001年全國科技法律研討會，頁19。

[30] 黃文儀（2001），「新式樣近似判斷之相關理論」，2001年全國科技法律研討會，頁19-29。

[31] 黃文儀（2001），「新式樣近似判斷之相關理論」，2001年全國科技法律研討會，頁19-29。

[32] 美國MPEP 1504.02 Novelty: The standard for determining novelty under 35 U.S.C. 102 was set forth by the court in In re Bartlett, 300 F.2d 942, 133 USPQ 204 (CCPA 1962). "The degree of difference [from the prior art] required to establish novelty occurs when the average observer takes the new design for a different, and not a modified, already-existing design." 300 F.2d at 943, 133 USPQ at 205 (quoting Shoemaker, Patents for Designs, page 76).

[33] 美國MPEP 1504.03 I. B. Differences Between the Prior Art and the Claimed Design: All differences between the claimed design and the closest prior art reference should be identified in any rejection of the design claim under 35 U.S.C. 103(a). If any differences are considered de minimis or inconsequential from a design viewpoint, the rejection should so state.

[34] 美國MPEP 1504.03 II. PRIMA FACIE OBVIOUSNESS：As a whole, a design must be compared with something in existence, and not something brought into existence by selecting and combining features from prior art references. ... The "something in existence" referred to ...In re Rosen, ...(CCPA 1982)

(the primary reference did "...not give the same visual impression..." as the design claimed but had a "...different overall appearance and aesthetic appeal..." .) ...Specifically, in the Yardley decision, it was stated that "[t]he basic consideration in determining the patentability of designs over prior art is similarity of appearance." ... . Therefore, in order to support a holding of obviousness, a basic reference must be more than a design concept; it must have an appearance substantially the same as the claimed design. In re Harvey, ... (Fed. Cir. 1993). ...

[35] 美國MPEP 1504.03 II. A. 1. Analogous Art: When a modification to a basic reference involves a change in configuration, both the basic and secondary references must be from analogous arts. In re Glavas, ... (CCPA 1956). ... Analogous art can be more broadly interpreted when applied to a claim that is directed to a design with a portion simulating a well known or naturally occurring object or person.

[36] 美國MPEP 1504.03 II. A. 2. Non-analogous Art: When modifying the surface of a basic reference so as to provide it with an attractive appearance, it is immaterial whether the secondary reference is analogous art, since the modification does not involve a change in configuration or structure and would not have destroyed the characteristics (appearance and function) of the basic reference. In re Glavas, ... (CCPA 1956).

[37] 美國MPEP 1504.01(a) I. A. General Principle Governing Compliance With the "Article of Manufacture" Requirement: Computer-generated icons, such as full screen displays and individual icons, are 2-dimensional images which alone are surface ornamentation. ... Since a patentable design is inseparable from the object to which it is applied and cannot exist alone merely as a scheme of surface ornamentation, a computer-generated icon must be embodied in a computer screen, monitor, other display panel, or portion thereof, to satisfy 35 U.S.C. 171.

[38] 美國MPEP 1504.01(a) I. B. Procedures for Evaluating Whether Design Patent Applications Drawn to Computer-Generated Icons Comply With the "Article of Manufacture" Requirement: (B) If the drawing does not depict a computer generated icon embodied in a computer screen, monitor, other display panel, or a portion thereof, in either solid or broken lines, reject the claimed design under 35 U.S.C. 171 for failing to comply with the article of manufacture

requirement.

[39] 美國MPEP 1504.02 Novelty: The "average observer" test does not require that the claimed design and the prior art be from analogous arts when evaluating novelty. In re Glavas, ...(CCPA 1956). Insofar as the "average observer" under 35 U.S.C. 102 is not charged with knowledge of any art, the issue of analogousness of prior art need not be raised. This distinguishes 35 U.S.C. 102 from 35 U.S.C. 103(a) which requires determination of whether the claimed design would have been obvious to "a person of ordinary skill in the art."

[40] COUNCIL REGULATION (EC) No 6/2002 Article 5 Novelty: 1. A design shall be considered to be new if no identical design has been made available to the public: (a) in the case of an unregistered Community design, before the date on which the design for which protection is claimed has first been made available to the public; (b) in the case of a registered Community design, before the date of filing of the application for registration of the design for which protection is claimed, or, if priority is claimed, the date of priority. 2. Designs shall be deemed to be identical if their features differ only in immaterial details.

[41] COUNCIL REGULATION (EC) No 6/2002 Article 6 Individual character: 1. A design shall be considered to have individual character if the overall impression it produces on the informed user differs from the overall impression produced on such a user by any design which has been made available to the public: (a) in the case of an unregistered Community design, before the date on which the design for which protection is claimed has first been made available to the public; (b) in the case of a registered Community design, before the date of filing the application for registration or, if a priority is claimed, the date of priority. 2. In assessing individual character, the degree of freedom of the designer in developing the design shall be taken into consideration.

[42] COUNCIL REGULATION (EC) No 6/2002 Article 10 Scope of protection: 1. The scope of the protection conferred by a Community design shall include any design which does not produce on the informed user a different overall impression. 2. In assessing the scope of protection, the degree of freedom of the designer in developing his design shall be taken into consideration.

[43] Agreement on Trade-related Aspects of Intellectual Property Rights Article 26: 1. The owner of a protected industrial design shall have the right ...which

is a copy, or substantially a copy, of the protected design, when such acts are undertaken for commercial purposes.

[44] COUNCIL REGULATION (EC) No 6/2002 Article 36 Conditions with which applications must comply: 6. The information contained in the elements mentioned in paragraph 2 and in paragraph 3(a) and (d) shall not affect the scope of protection of the design as such.

[45] Agreement on Trade-related Aspects of Intellectual Property Rights Article 26: 1. The owner of a protected industrial design shall have the right to prevent third parties not having the owner's consent from making, selling or importing articles bearing or embodying a design which is a copy, or substantially a copy, of the protected design, when such acts are undertaken for commercial purposes.

[46] 35 U.S.C. 154 Contents and term of patent; provisional rights. (a) IN GENERAL.— (1) CONTENTS.—Every patent shall contain a short title of the invention and a grant to the patentee, his heirs or assigns, of the right to exclude others from making, using, offering for sale, or selling the invention throughout the United States or importing the invention into the United States, and, if the invention is a process, of the right to exclude others from using, offering for sale or selling throughout the United States, or importing into the United States, products made by that process, referring to the specification for the particulars thereof.

[47] Gorham Co. v. White, 81 U.S. (14 Wall.) 511 (1872)

[48] Gorham Co. v. White, 81 U.S. (14 Wall.) 511 (1872) ("If in the eye of an ordinary observer giving such attention as a purchaser usually gives, two designs are substantially the same, if the resemblance is such as to deceive such an observer, inducing him to purchase one supposing it to be the other, the first one patented is infringed by the other.")

[49] Litton System, Inc. v. Whirlpool Corp., 728 F2d 1423, 1444, 221 USPQ97, 109 (Fed. Cir. 1984) ("Similarity of overall appearance is an insufficient basis for a finding of infringement, unless the similarity embraces the point of novelty of the patented design. While it is the design as a whole that is patented, Gorham v. White, the distinction from prior designs informs the court's understanding of the patent.")

[50] 中國北京高級人民法院審判委員會（2003）。關於審理專利侵權糾紛案

件若干問題的規定，2003.10.27-29，第17條：「專利法第56條第2款所稱，外觀設計專利權的保護範圍以表示在圖片或者照片中的該外觀設計專利產品為準」，是指以表示在圖片或者照片中的該外觀設計產品的外表可視的形狀、圖案或者其結合以及色彩與形狀和／或圖案的結合的富有美感的新設計為準，包括在與外觀設計專利產品相同或相似產品上的相同或者近似的外觀設計。」

[51] 中國北京高級人民法院審判委員會（2003）。關於審理專利侵權糾紛案件若干問題的規定，2003.10.27-29，第21條第1項：被控侵權產品在……相同或者相似產品上使用……相同或者近似的外觀設計……構成外觀設計專利侵權。

[52] Oddzon Product. Inc., v. Just Toy, Inc122 F.3d 1396 43 U.S.P.Q.2D (BNA) 1641 (Fed. Cir. 1997) （"The comparison step of the infringement analysis that fact-finder to determine whether the patent design as a whole is substantially similar in appearance to the accused design."）

[53] L.A. Gear, Inc. v. Thom McAn Shoe Co., 988 F.2d 1117, 1125 25USPQ2d 1913, 1918（Fed. Cir 1993）（"The accused design must also contains substantially the same point of novelty that distinguished the patented design from the prior art."）

[54] L.A. Gear, Inc. v. Thom McAn Shoe Co., 988 F.2d 1117, 1125 25USPQ2d 1913, 1918（Fed. Cir 1993）（"Infringement of a design requires that the designs have the same general visual appearance, such that it is likely that the purchaser would be deceived into confusing the design of the accused article with the patented design."）

[55] 中國北京高級人民法院審判委員會，關於審理專利侵權糾紛案件若干問題的規定，2003.10.27-29，第24條第1項：人民法院在判斷近似外觀設計時，應當以一般消費者施以一般注意力是否容易混淆為準。容易產生混淆的，即為近似外觀設計；反之，即為既不相同也不近似外觀設計。第4項：本條所稱一般消費者，是指產品的最終消費者，但與產品的消費或者服務有密切聯繫的經營者也可以視為一般消費者……。

[56] 90年10月24日修正公布專利法部分條文修正總說明，修正要點13之「釐清聯合新式樣專利新穎性之規定」：按聯合新式樣乃原新式樣申請專利範圍之確認，因此原新式樣申請後，聯合新式樣申請前，有他人近似之新式樣出現，依現行條文第107條第3項規定，該聯合新式樣固不受影響，仍應可准專利。但若他人或自己之新式樣於原新式樣申請前即已見

於刊物、公開使用或陳列於展覽會者，倘與聯合新式樣相同或近似，該
聯合新式樣即應受其拘束，不准專利。……（修正條文107）

[57] 專利法第110條第5項：……但於原新式樣申請前有與聯合新式樣相同或
近似之新式樣已見於刊物、已公開使用或已為公眾所知悉者，仍不得依
本法申請取得聯合新式樣專利。

[58] 專利法第110條第5項：同一人以近似之新式樣申請專利時，應申請為聯
合新式樣專利，不受第1項及前項規定之限制。但於原新式樣申請前有與
聯合新式樣相同或近似新式樣已見於刊物、已公開使用或已為公眾所知
悉者，仍不得依本法申請取得聯合新式樣專利。

[59] 齋藤瞭二（1985）。《意匠法》。頁298。類似意匠權之合體的效果：(1)
存續期間之附隨性；(2)權利消滅之附隨性；(3)主體的同一性。

[60] 經濟部智慧財產局（2005）。「第三篇新式樣專利實體審查基準」，第
六章特殊申請「3.3.1形式要件」。

[61] 同註[31]。

[62] 經濟部智慧財產局（2005）。「第三篇新式樣專利實體審查基準」，第
六章特殊申請「3.3.2實體要件」。

[63] 同註[33]。

[64] 日本特許廳（平成10年）。日本意匠審查運用基準，4.意匠法第10條關連
意匠。

[65] 齋藤瞭二（1985）。《意匠法》。頁9。

[66] 日本特許廳（2002）。「意匠審查基準」，73.1「何謂關連意匠」。

[67] 日本（平成11年版）。意匠法第10條：
  (1)意匠註冊申請人就與自己申請之意匠中的任一意匠（以下稱原意匠）
     相近似的意匠（以下稱關連意匠），限於原意匠註冊申請之日與其關
     連意匠註冊申請之日為同日時，不受第9條第2項規定之限制，得申請
     意匠註冊。
  (2)依前項規定取得意匠註冊之關連意匠，僅與其近似的意匠，不得申請
     意匠註冊。
  (3)原意匠若有二個以上關連意匠註冊申請時，就該關連意匠而言，第9條
     第2項規定不適用。

[68] 日本特許廳（2002）。「意匠審查基準」，61.1.1屬於意匠法第9條第1項
或第2項規定所適用之對象的申請案。

[69] 日本特許廳（平成10年）。日本意匠審查運用基準，第4項意匠法第10條
關連意匠（二）之2：「僅與關連意匠近似之意匠」指出：「關連意匠與

原意匠之權利有重疊部分，故對其存續期間與移轉等皆有設限。若准予具有近似連鎖效果的關連意匠之關連意匠註冊，在連鎖狀態兩端的相關意匠，因為相互並不近似，並無限制存續期間及分離移轉之必要。為避免這種近似連鎖關係所生之多餘限制，若與自己原意匠不近似，而僅與關連意匠近似之意匠不得申請意匠註冊。」（本內容未見於2002年意匠審查基準）關連意匠權與獨立意匠權均具有獨立之權利且均包含近似範圍，係基於每一創作均具有同等價值之原則，惟前述基準之內容並不能說明為何僅近似關連意匠之意匠不能准予關連意匠註冊，甚至不能准予獨立意匠註冊（因違反先申請原則而須擇一申請）的理由。

[70] 日本意匠法（平成11年版）第23條：意匠權人，專有於營業上實施註冊意匠及其近似意匠之權利。但就其意匠權設定專屬實施權者，對於專屬實施權人專有實施其註冊意匠及其近似意匠之權利，不在此限。

[71] 日本意匠法（平成11年版）第21條：(1)意匠權之存續期間，自設定註冊之日起算，15年屆滿；(2)關連意匠意匠權存續期間，自原意匠之意匠註冊之日起經過15年後消滅。

[72] 日本意匠法（平成11年版）第22條：(1)原意匠與關連意匠之意匠權，不得分開移轉；(2)原意匠權依第44條第4項之規定消滅、無效審判確定、或被放棄者，該原意匠之關連意匠權，不得分開移轉。

[73] 日本意匠法（平成11年版）第27條：(1)意匠註冊權人得就其意匠權設定專屬實施權。惟對於原意匠或關連意匠之意匠權設定專屬實施權，僅限於原意匠及所有關連意匠之意匠權對於同一人同時設定時，始得設定。……(3)原意匠之意匠權依第44條第4項之規定而消滅、無效審判確定、或被放棄者，對於該原意匠之關連意匠之意匠權的專屬實施權，僅限於所有關連意匠之意匠權對於同一人同時設定，始得設定。

[74] 日本意匠法（平成11年版）第21條第2項、第22條第2項、第27條第3項。

[75] Maxwell v. J. Baker, Inc., 86 F.3d 1098 (Fed. Cir. 1996).

[76] The Manual of Patent Examining Procedure 1504.02 III. Broken lines: "The ornamental design which is being claimed must be shown in solid lines in the drawing. Dotted lines for the purpose of indicating unimportant or immaterial features of the design are not permitted. There are no portions of a claimed design which are immaterial or unimportant. see In re Blum, 374 F.2d 904,153 USPQ 177 (CCPA 1967) and In re Zahn,617 F.2d 261, 204 USPQ 988 (CCPA 1980)".

[77] 劉桂榮（1998）。《外觀設計專利申請審查指導》。專利文獻出版社，

頁42。雖然在專利法中沒有直接使用創造性、獨創性這些語言，但實際上對創造性是有要求的。專利法第23條中規定：……外觀設計不相同或者不相近似。這裡所說的不相近似，就是指……明顯的區別……就是我們所指的創造性。

≪ 第二篇 ≫

設計專利權範圍侵害判斷篇

Design Patent

第 3 章

設計專利權範圍之解釋

專利制度係政府藉授予申請人於特定期間（發明二十年、新型十年、新式樣十二年）、特定範圍（核准之申請專利之新式樣範圍）內專有排他之專利權，以保護其研發之發明或創作，並鼓勵其公開研發成果供公眾利用之制度。新式樣專利權之內容規定於專利法第123條第1項：新式樣專利權人就其指定新式樣所施予之物品，除本法另有規定者外，專有排除他人未經其同意而製造、為販賣之要約、販賣、使用或為上述目的而進口該新式樣及近似新式樣專利物品之權。

經濟部智慧財產局於民國93年10月4日在網站上發布，司法院秘書長嗣於93年11月2日以秘台廳民一字第0930024793號函送各法院參考之「專利侵害鑑定要點」分上、下兩篇，下篇中將新式樣專利侵害之判斷流程分為兩階段：階段一為解釋申請專利之新式樣範圍；階段二為解析申請專利之新式樣範圍、解析系爭物品及物品是否相同或近似、視覺性設計整體是否相同、是否包含新穎特徵、適用禁反言原則或適用先前技藝阻卻等判斷步驟。

階段二中若干判斷步驟的內容並未詳細規範，例如全要件原則是否為判斷流程中的一個步驟？為何須要判斷物品是否相同或近似？為何須要判斷是否包含新穎特徵？為何流程圖右側記載兩種水準三階段之判斷？

自民國85年經濟部中央標準局（嗣後改制為智慧財產局）公布「專利侵害鑑定基準」以來，外界對於新式樣專利權範圍之侵害判斷，大都沿襲發明專利侵害判斷之理論與實務操作，無視於兩者間本質上之差異。有鑑於此，筆者願將參與鑑定要點撰寫工作過程中，所蒐集或參考美國等有關專利侵害訴訟之判決、理論及實務等，與讀者一起分享。

3.1 侵害判斷之內容及流程

　　依美國、德國等工業先進國家的理論及實務，專利侵害訴訟中判斷系爭物品或方法（由於新式樣專利之標的僅爲物品外觀之設計，以下簡稱系爭物品）是否侵害專利權範圍中之技藝內容，應分爲兩階段：

1. **階段一**：解釋申請專利之新式樣範圍，以確定專利權範圍（對應於發明專利權的文義範圍）。
2. **階段二**：包括解析申請專利之新式樣及被控侵權的系爭物品、比對經解釋後之申請專利之新式樣範圍與系爭物品、及判斷系爭物品是否落入專利權範圍，並請參考**圖3-1**所示。

3.1.1 解釋申請專利之新式樣範圍

　　以該新式樣所屬技藝領域中具有通常知識者之水準，確認申請專利之新式樣範圍及新穎特徵，並排除功能性設計。

3.1.2 比對經解釋後申請專利之新式樣範圍與系爭物品

　　比對經解釋後申請專利之新式樣範圍與系爭物品，乃需：解析系爭物品之技藝內容；解析系爭物品之技藝內容；判斷新式樣視覺性設計整體是否相同；判斷新式樣視覺性設計整體是否近似；判斷系爭物品是否包含新穎特徵；及被告是否主張適用禁反言原則及／或先前技藝阻卻。

3.1.2.1 解析系爭物品之技藝內容

　　以該新式樣所屬技藝領域中具有通常知識者之水準，解析系爭

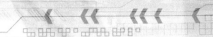

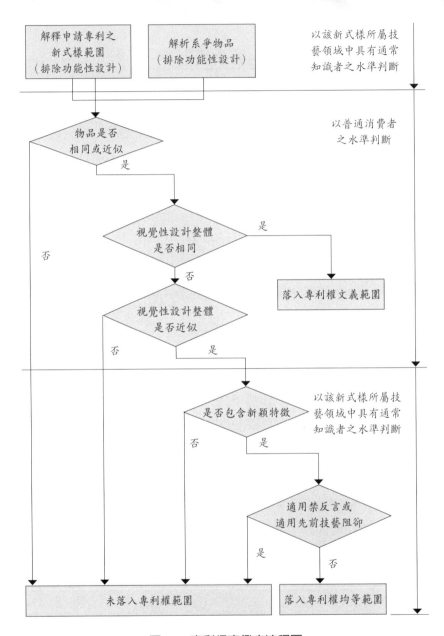

圖3-1 專利侵害鑑定流程圖

物品之技藝內容，並排除功能性設計。

3.1.2.2 解析系爭物品之技藝內容

以普通消費者之水準，判斷解析後系爭物品與解釋後申請專利之新式樣物品是否相同或近似：

1. 如是，則進入「**3.1.2.3 判斷新式樣視覺性設計整體是否相同**」之判斷。
2. 如否，則未落入專利權範圍。

3.1.2.3 判斷新式樣視覺性設計整體是否相同

以普通消費者之水準，判斷解析後系爭物品與解釋後申請專利之新式樣的視覺性設計整體是否相同。

1. 如是，則落入專利權文義範圍。
2. 如否，則進入「**3.1.2.4 判斷新式樣視覺性設計整體是否近似**」之判斷。

3.1.2.4 判斷新式樣視覺性設計整體是否近似

以普通消費者之水準，判斷解析後系爭物品與解釋後申請專利之新式樣的視覺性設計整體是否近似。

1. 如是，則進入「**3.1.2.5 判斷系爭物品是否包含新穎特徵**」之判斷。
2. 如否，則未落入專利權範圍。

3.1.2.5 判斷系爭物品是否包含新穎特徵

以該新式樣所屬技藝領域中具有通常知識者之水準，判斷系爭物品是否包含申請專利之新式樣的新穎特徵。

1.如是，則進入「**3.1.2.6 被告是否主張適用禁反言原則及／或先前技藝阻卻**」之判斷。

2.如否，則未落入專利權範圍。

3.1.2.6 被告是否主張適用禁反言原則及／或先前技藝阻卻

1.主張適用禁反言原則及／或先前技藝阻卻時，應再判斷系爭物品是否適用禁反言原則及／或先前技藝阻卻（判斷時，無先後順序）：若系爭物品適用禁反言原則及／或先前技藝阻卻，則應判斷系爭物品未落入專利權範圍；若系爭物品不適用禁反言原則且不適用先前技藝阻卻，則應判斷系爭物品落入專利權均等範圍。

2.未主張適用禁反言原則及／或先前技藝阻卻時，應判斷系爭物落入專利權之均等範圍。

3.2 解釋申請專利之新式樣範圍

自民國93年7月1日起，新式樣專利圖說不必記載申請專利範圍。新式樣專利權範圍以圖面為準，並得審酌創作說明。揭露於圖面之申請專利之新式樣，係申請人欲取得專利權之範圍、專利審查人員進行實體審查之對象、專利權人行使專利權之依據及競爭同業進行迴避設計之基礎，亦為專利侵權訴訟之標的，故申請專利之新式樣範圍之解釋對於申請人、專利審查人員、專利權人或社會公眾都是非常重要的課題。

在美國，專利侵害判斷階段二中之物品是否相同或近似之判斷及視覺性設計整體是否相同或近似之判斷係屬事實問題，惟階段一究竟係屬法律問題或事實問題，1995年以前一直無法達成一致的見解。

　　確定某一問題究竟屬法律問題或是事實問題的意義不僅在於判斷權責歸屬於法官或歸屬於陪審團，對於上訴亦有很大的影響。通常陪審團的責任係就案件的事實及證據作出決定，而法官的責任係對案件所涉及的法律問題作出判斷，並在陪審團所為之決定的基礎上作出判決。事實或證據的判斷涉及法律概念時，通常應由法官提供法律指導，再由陪審團作出決定。若一審陪審團就當事人之主張所為之決定缺乏實質證據支持，即使該決定屬於事實問題，上訴法院仍得否定該決定，但出現這種情況的機會微乎其微[1]。

　　美國聯邦巡迴上訴法院於1995年Markman v. Westview Instruments案[2]判決：美國司法制度的一個基本原則是解釋書面文件為法官的權力，而非陪審團的責任。若證據係書面文件，需要確定的內容為書面文件所載內容的涵義，而非事實本身，則其應屬法律問題。專利文件為具有嚴格形式要求的書面文件，說明書之記載應使申請專利之新式樣所屬技藝領域中具有通常知識者能瞭解其內容，並可據以實施。最高法院判決支持前述見解，指出：只有受過法律訓練、瞭解專利文件撰寫格式、熟悉解釋書面文件之法律規則的法官始能勝任。由前述法院判決得知，解釋申請專利之新式樣範圍屬於法院之權責，不得由陪審團決定。

3.2.1 解釋之基礎

　　專利法第123條第2項規定：「新式樣專利權範圍，以圖面為準，並得審酌創作說明。」此規定係確定專利權範圍之法律依據，亦即解釋申請專利之新式樣範圍的基本原則。解釋申請專利之新式樣範圍應以圖面所揭露之內容為基礎[3]，不得僅依創作說明之內容確定其專利權範圍，亦即不得將創作說明中有揭露但未揭露於圖面之設計特徵納入，而變更專利權範圍。至於新式樣物品名稱則為界定

物品之基礎。

3.2.2 得參酌之依據

　　雖然依專利法第123條第2項規定，解釋申請專利之新式樣範圍之基礎為圖面，而創作說明僅為得參酌之輔助資料。惟依美國專利侵害訴訟實務，自1995年Markman v. Westview Instruments案起即確立將所有解釋申請專利範圍之依據分為內部證據（intrinsic evidence）及外部證據（extrinsic evidence）。**內部證據**包括專利核准後刊載在專利公報（*Patent Gazette*）上或公開之圖面及說明書，以及申請、維護專利之程序中所產生的申請歷史檔案（prosecution history），主要是專利行政機關與申請人或代理人之間的往來文件，例如先行核駁通知書（office action）、審定書及申請人之申覆、說明、修正、訴訟理由及答辯理由等。**外部證據**，指內部證據以外之其他證據，例如字典、教科書、工具書、權威著作、申請人之相關專利、先前技藝、專家證人（expert witness）之見解及申請專利之新式樣所屬技藝領域中具有通常知識者之觀點等。對於申請專利之新式樣範圍之解釋，內部證據與外部證據有衝突或不一致者，優先適用內部證據；內部證據足使申請專利之新式樣範圍清楚明確者，無須考慮外部證據[4]。

　　若內部證據未特定申請專利之新式樣範圍中之內容，則應以該新式樣所屬技藝領域中具有通常知識者所認知或瞭解之通常習慣意義（ordinary and accustomed meaning）解釋之。若內部證據之間有矛盾或不一致者，例如圖說與申請歷史檔案中之記載不一致，實務上大多以較窄的範圍解釋之。

3.2.3 解釋之主體

　　申請專利之新式樣範圍的解釋為法律問題，屬於法院之權責。解釋時，應依該新式樣所屬技藝領域中具有通常知識者之觀點予以解釋。該新式樣所屬技藝領域中具有通常知識者（以下簡稱具有通常知識者），係一虛擬之人，具有該新式樣所屬技藝領域中之通常知識及普通設計能力，而能理解、利用申請時（申請日之前，主張優先權者為優先權日之前，不包括申請日或優先權日）之先前技藝[5]。

　　通常知識，指該新式樣所屬技藝領域中已知的普通知識，包括習知或普遍使用的資訊以及教科書或工具書內所載之資訊，或從經驗法則所瞭解的事項[6]。

　　系爭物品是否落入專利權範圍之判斷，包括「物品是否相同或近似」、「視覺性設計整體是否相同」及「視覺性設計整體是否近似」三者係屬事實問題，應依普通消費者的眼光判斷。流程中其他步驟，包括「解釋申請專利之新式樣範圍」、「解析系爭物品」、「是否包含新穎特徵」及「適用禁反言或適用先前技藝阻卻」等，係屬法律問題，應依具有通常知識者的標準為之。由於新式樣專利侵害判斷流程中有兩種判斷主體，故必須在內文中特別強調，並於流程圖右側分三階段，分別標示以資區別。

3.3 一般性原則

　　解釋申請專利之新式樣範圍（scope）應限制在申請時（filing），以申請前之先前技藝為基礎確認新穎特徵，並排除功能性設計。

　　雖然設計的每一項元素（特徵）均為必要（essential）[7]，惟因

我國專利法規定申請專利之新式樣必須是物品之形狀、花紋、色彩或其結合，實務上，圖說必須揭露申請專利之新式樣物品整體外觀之形狀、花紋及色彩，不論其爲視覺性設計或功能性設計。由於新式樣專利僅保護視覺性設計[8]，且我國專利制度並未開放「部分設計」（partial design），不允許申請人在圖說上以實線及虛線區分申請專利之部分及周邊不申請專利之部分；因此，解釋申請專利之新式樣範圍時，必須排除功能性設計。雖然排除功能性設計會導致設計構成之減少而擴大保護範圍，惟這是基於新式樣專利僅保護視覺性設計之法制，且爲衡平專利權人與社會公眾合理利益之結果，請參酌**3.6.2 排除功能性設計之理由**（見第103頁）。

3.3.1 專利權有效原則

專利侵害訴訟時，應推定專利權爲有效[9]。當事人認爲申請專利之新式樣不符專利要件者，得向專利行政機關提起舉發。若未提起舉發，應依內部證據或外部證據解釋申請專利之新式樣範圍。創作說明之作用爲說明申請專利之新式樣；圖面之作用爲界定申請專利之新式樣範圍。圖面中所揭露之內容與創作說明中所揭露之內容不一致時，應以圖面爲準。

3.3.2 公示原則

專利制度係以公示（public notice）方式宣告專利權人的權利範圍，並使公眾知悉未經同意不得實施之專利權範圍，進而迴避或利用[10]。解釋申請專利之新式樣範圍時，應依公告核准之圖面，若核准更正圖說者，應依公告之更正本爲之[11]。

 **3.3.3 貢獻原則**

　　貢獻原則（dedication rule）係美國最高法院所創設有關解釋申請專利範圍的法則[12]。申請人揭露於說明書或圖式但未載於申請專利範圍中之技術手段，應視為貢獻給社會公眾[13]，而成為先前技術，得作為核駁後申請案之新穎性及進步性之依據。美國聯邦巡迴上訴法院於Johnson & Johnston v. R.E. Service Co.案[14]中曾判決：即使說明書中所揭露但未載於申請專利範圍的部分與申請專利範圍的部分均等，因貢獻原則之適用，不得再主張均等論。

 3.4 新式樣係物品與設計之結合

　　專利法第123條第1項規定：「新式樣專利權人就其指定之新式樣所施予之物品，除本法另有規定者外，專有排除……該新式樣及近似新式樣專利物品之權。」新式樣專利權保護範圍包括相同或近似之新式樣，共計四種態樣[15,16]：

　　1.相同設計應用於相同物品，即相同之新式樣。
　　2.近似設計應用於相同物品，屬近似之新式樣。
　　3.相同設計應用於近似物品，屬近似之新式樣。
　　4.近似設計應用於近似物品，屬近似之新式樣。

　　新式樣，指對物品之形狀、花紋、色彩或其結合，透過視覺訴求之創作。雖然我國專利法已明確定義新式樣係物品外觀之設計，但由於外國法規之混淆，致有申請專利之新式樣僅包含形狀、花紋及色彩等設計元素，無須認定該設計所應用之物品的誤解。例如歐盟設計法第36條第6項規定：物品名稱、說明內容及分類不影響所

載之設計的保護範圍[17]；美國專利審查作業手冊（以下簡稱MPEP）
1503.01 I.「前言及名稱」中指出：設計名稱係確認該設計所施予之
物品……並非界定（define）申請專利範圍[18]。

　　然而，美國MPEP 1502「設計的定義」中亦指出：設計不得與
其所應用之物品分離，且不得僅以裝飾之計劃單獨存在。其必須
是具體構想且能複製者，但非功能元件之方法或組合之偶然結果
[19]。1504.04 I.「35 U.S.C. 112第1及2項」中復指出：設計名稱並非
界定（define）申請專利範圍，而僅是確認（identify）其所表現之
物品。……惟其應被理解為當物品之表面或部分係以實線揭露於圖
面上時，其被認為係屬申請專利之設計的一部分，為符合35 U.S.C.
112第1及2項，必須清楚明確描繪該部分之形狀及外觀[20]。

　　另外，美國MPEP 1504.01(a) I. A.「符合『製品』要件之一般
審查原則」指出：由於得予專利的設計不得脫離其所應用的物品，
僅以表面裝飾計劃單獨存在，電腦產生的圖像（ICON）應表現在
電腦螢幕、終端機、其他顯示面板、或其部分上，以符合37 U.S.C.
171（即指"article of manufacture"）。見MPEP 1502[21]。因此，前
述「設計名稱……並非界定申請專利範圍」的意思，並非指設計專
利之範圍不包含「物品」這項限制。

　　至於日本及中國大陸審查基準，則明確規定設計專利的保護範
圍包括物品與形狀、花紋或色彩之結合，物品亦為限制之一。日本
審查基準（2002年）21.1.1.1「被認定為物品」中指出：申請之意匠
要適格，必須是物品形態之創作，由於物品與形態係一整體不可分
離，脫離物品僅是形態者，例如僅是花紋或色彩之創作不被認定為
意匠。

　　中國大陸審查指南（2001年）第一部分第三章4.4.1「產品的形
狀、圖案或者其結合以及色彩與形狀、圖案的結合」中指出：外觀
設計的載體必須是產品……。大陸專利法第56條第2項所稱「外觀

設計專利權的保護範圍以表示在圖片或者照片中的該外觀設計專利產品爲准」，係指在與外觀設計專利產品相同或者相似產品上的相同或者近似的外觀設計[22]。

　　新式樣爲應用於物品外觀之形狀、花紋、色彩或其結合之設計，其實質內容係由形狀、花紋或色彩所組成之「設計」結合「物品」所構成，設計不能脫離物品單獨構成新式樣[23]。解釋申請專利之新式樣範圍時，應以圖面所揭露物品外觀之設計爲準，結合物品名稱所指定之物品，以確定新式樣專利權範圍。

3.4.1 物品

　　申請新式樣專利，應指定施予新式樣之物品[24]，以確定新式樣物品之用途、功能，例如物品名稱指定「手錶」，係特定其計時用途及顯示、攜帶等功能。解釋申請專利之新式樣範圍時，主要係以新式樣物品名稱確定申請新式樣之物品及其近似範圍。

　　若物品名稱無法明確界定物品，得參酌創作說明中所載物品用途之說明。創作說明中之「物品用途」欄係輔助說明物品名稱所指定之物品，其內容包括物品之使用、功能等有關物品本身之敘述。申請新式樣之物品爲新開發之物品或其他物品之構成元件或附屬零件者，應參酌創作說明，以確定專利權範圍中之物品及其近似範圍。

3.4.2 設計

　　新式樣之創作內容不在於有關物品本身之用途或功能，而在施予物品之外觀設計。新式樣專利保護之標的爲應用於物品外觀[25]，透過視覺訴求之形狀、花紋、色彩或其二者或三者之結合之創作：

　　1.形狀：指物體外觀三度空間之輪廓或樣子，爲物品與空間交

界之周邊領域。

2. 花紋：指點、線、面或色彩所表現之裝飾構成。花紋之形式
包括以平面形式表現於物品表面者，如印染、編織；或以浮
雕形式與立體形狀一體表現者，如輪胎花紋；或運用色塊的
對比構成花紋而呈現花紋與色彩之結合者[26]，如彩色卡通圖
案。

3. 色彩：指色料反射之色光投射在眼睛中所產生的視覺感受。
新式樣專利所保護的色彩並非色料所呈現之色彩本身[27]，而
係物品外觀之著色或色彩計劃。

形狀及花紋係點、線、面空間元素所構成之設計，形狀是明確
且充分揭露物品形態之依據，除連續平面物品（例如壁紙）外，圖
面中應揭露物品之形狀，以作為花紋、色彩之載體。未依附於物品
的花紋、色彩不能單獨申請新式樣專利[28]；申請標的包含花紋或色
彩者，圖面必須呈現花紋或色彩及其所依附之物品的具體形狀，始
構成明確且充分之新式樣設計。

創作說明中之**創作特點**係輔助說明圖面所揭露應用於物品外觀
有關形狀、花紋、色彩設計之創作特點，包括新穎特徵、或因材質
特性、機能調整或使用狀態使物品外觀產生形態變化之部分、設計
本身之特性、指定色彩之工業色票編號及色彩施予物品之範圍等與
設計有關之內容。僅以文字載於創作說明，但未以圖面明確且充分
呈現物品之三度空間形狀，或未以圖面、照片或色卡明確且充分呈
現施於物品形狀上之花紋、色彩者，該形狀、花紋或色彩均非屬專
利權範圍。

3.5 新式樣專利僅保護視覺性設計

　　新式樣專利保護物品之形狀、花紋、色彩或其結合，透過視覺訴求之創作，惟新式樣亦必須可供產業上利用，即具有用途及功能之實用性。圖面中呈現的內容包含視覺性[29]（亦稱裝飾性[30,31]）設計及功能性（functional）設計兩部分[32]。由於**功能性設計**非透過視覺訴求之創作，非屬新式樣專利保護範圍，解釋申請專利之新式樣範圍時，應予以排除[33]。

　　視覺性設計，指申請專利之新式樣必須是肉眼能夠確認而具備視覺效果（the effect upon the eyes）之設計。專利法規定設計必須「透過視覺訴求」，係為排除功能性設計以及肉眼無法辨識而必須藉助其他工具始能確定之設計，故依新式樣之定義，不具視覺性之設計非屬新式樣專利權保護範圍。

　　視覺性設計之規定亦見於美國MPEP 1502「設計定義」：設計專利申請案所請求的專利標的係表現或應用在製品上或其部分的設計，而非物品本身。施於物品上之設計係由表現或應用在物品上的視覺特徵所構成。物體的設計係由視覺特徵或物體所呈現的樣子所構成。物體所呈現的外觀係透過眼睛，而在觀察者的大腦中產生印象[34]。

3.6 排除功能性設計

　　新式樣專利係保護物品之形狀、花紋、色彩或其結合，透過視覺訴求之創作。純功能性設計之物品造形，應不予新式樣專利。

　　美國聯邦巡迴上訴法院判決：原告主張適用均等論，必須是在被告的設計與原告的設計專利之裝飾性特徵近似時，而不是在兩者

間的實用功能或功能性特徵近似的情況。若僅抄襲設計專利中之功能性或結構特徵，並未構成侵害，除非一併抄襲該設計專利中的裝飾性特徵，且該特徵使一般觀察者被誤導、欺騙[35]。

3.6.1 排除功能性設計之依據

我國專利法第109條第1項：「新式樣，指對物品之形狀、花紋、色彩或其結合，透過視覺訴求之創作。」第112條：「下列各款，不予新式樣專利：1.純功能性設計之物品造形……。」下列為其他各國有關功能性設計之法規：

3.6.1.1 美國專利法

美國專利法第171條：「凡創作用於製品之任何新穎、原創、及裝飾性的設計，得依本法之規定及要件取得專利。」

美國MPEP 1504.03 II.「非顯而易知性的初步證據」規定：「使用狀態中看不見的部位或功能性設計（functional features）（本文配合『專利侵害鑑定要點』稱『功能性設計』，而對於美國判決中之functional design則稱為『純功能性設計』）不得作為准予專利的基礎[36]。」

3.6.1.2 歐盟設計法

歐盟設計法第8條[37]：

1. 歐盟設計之產品外觀特徵不得僅由其技術功能所支配。
2. 歐盟設計之產品外觀特徵不得為必須再現其正確的形式及尺寸，始能將該設計所應用或融入的產品在機構上連結或裝配、套合、或對接另一產品，而使每一物品均能發揮其功能者。

3.6.1.3 日本意匠法

日本意匠法第5條：「下列意匠不受第3條所限，不能取得意匠註冊：……3.意匠係因應物品之機能所不可或缺的形狀者。」

3.6.1.4 大陸專利法

大陸專利法第2條第3款：「專利法所稱外觀設計，是指對產品的形狀、圖案或者其結合以及色彩與形狀、圖案的結合所作出的富有美感並適於工業應用的新設計。」

審查指南第一篇第三章「4.4.3 不給予外觀設計專利保護的客體」規定：「以下屬於不符合專利法實施細則第2條第3款規定而不給予外觀設計專利保護的客體實例：……(4)對於由多個不同特定形狀或圖案的構件組成的產品而言，如果構件本身不能成為一種有獨立使用價值的產品，則該構件不屬於可授予專利權的客體。……例如，不能用相同的插接件插接成具有特定形狀或圖案的元件的插接件不能單獨使用，不能構成獨立產品，不給予外觀設計專利保護，……。」

3.6.2 排除功能性設計之理由

依「專利侵害鑑定要點」，在侵害判斷階段一解釋申請專利之新式樣範圍時，應以具有通常知識者之水準，確認申請專利之新式樣中的新穎特徵，並排除功能性設計。在階段一一併執行排除功能性設計之步驟，理由說明如下：

3.6.2.1 新式樣專利僅保護透過視覺訴求之設計

依我國專利法第109條第1項及第112條第1款之規定，新式樣專利不保護功能性設計，亦即新式樣專利權範圍不包括功能性設計。因此，在侵害判斷階段一解釋申請專利之新式樣範圍時，應將功能

性設計排除，否則有違專利法有關視覺性之規定。

3.6.2.2 全要件原則之考量

美國MPEP 1503.02 III.虛線：「請求的裝飾性設計應在圖面上以實線表示之[38]。若申請人認爲圖面中所揭露之特徵係屬功能性設計而非視覺性設計時，應刪除或以虛線表現，否則圖面中所揭露之特徵均爲申請專利範圍之限制[39]。」

惟我國對於圖面繪製之規定不同於美國，專利審查基準規定[40]：「繪製六面視圖或立體圖，必須以物品外觀所呈現之實際形狀及花紋爲標的，具體、寫實予以描繪，隱藏在物品內部或假想而未呈現於外觀之設計，不得繪製於圖面。圖面上表現設計之線條均須爲實線，僅在因應製圖方法之需要時，始得繪製圖法所規定之虛線、鎖線等，非實線之線條僅爲讀圖之參考，不得作爲界定申請專利之新式樣之依據。」因此，即使圖面中所揭露之內容係屬功能性設計而非視覺性設計，仍不得刪除或以虛線表現，否則可能導致揭露不明確或不充分。

此外，我國專利法第123條第2項規定，新式樣專利權範圍以圖面爲準。解釋申請專利之新式樣範圍應以圖面爲基礎，並得審酌創作說明。在這種情形下，有必要在解釋申請專利之新式樣範圍時排除功能性設計，以免於近似判斷時違背全要件原則。

3.6.2.3 配合新穎特徵之確認

解釋申請專利之新式樣範圍時，應確認申請專利之新式樣中的新穎特徵，參照**3.7 確認新穎特徵**。由於新穎特徵不得爲功能性設計，確認新穎特徵時必然須連帶排除功能性設計。

3.6.2.4 避免造成不合理的判斷結果

構成專利侵害之態樣有二：文義侵害及均等侵害。就新式樣

專利而言，文義侵害爲系爭物品與申請專利之新式樣範圍中的視覺性設計相同；均等侵害爲系爭物品與申請專利之新式樣範圍中的視覺性設計近似，且系爭物品包含申請專利之新式樣範圍中的新穎特徵。

新式樣係具有實用功能之物品的設計，圖面所揭露之內容包括裝飾性設計及功能性設計兩種類型，參照**3.6.5 物品之實用功能與設計之功能性**。國內有部分人士主張新式樣專利侵害鑑定流程中，「排除功能性設計」步驟應列於「是否包含新穎特徵」之後。然而，若系爭物品僅稍微變更申請專利之新式樣範圍中的裝飾性設計，兩者之視覺性設計整體構成近似，而於後續步驟中，僅因申請專利之新式樣範圍包含功能性設計，即使該功能性設計僅占該範圍非常小的一部分，就認定系爭物品不構成侵害，這種結果並不合理。因此，鑑定要點規定，應於解釋申請專利之新式樣範圍時排除功能性設計，而非於比對判斷流程中始爲之。

3.6.2.5 排除功能性設計之目的係正確解釋申請專利之新式樣範圍

依美國法院判決，發明專利侵害訴訟中所運用之均等論（包括逆均等論）、禁反言原則及先前技術阻卻等均係基於衡平衍生而來，其中除了均等論係擴張專利權之文義範圍外，逆均等論係減縮專利權之文義範圍，禁反言原則及先前技術阻卻均係減縮專利權之均等範圍。由於新式樣專利權範圍不包括功能性設計，從圖面中將功能性設計排除於申請專利之新式樣範圍之外，係依法正確解釋其範圍。

專利侵害訴訟中，被告抗辯的目的無非是爲了減縮專利權之範圍。然而，就原先圖面所揭露之設計而言，排除其中之功能性設計使其限制條件減少，係相對擴張其範圍。因此，被告主張排除功能性設計的結果既不能減縮專利權之文義範圍又不能減縮均等範圍，

反而會擴張專利權之文義範圍，故在判斷系爭物品與申請專利之新式樣範圍中的視覺性設計整體近似之後，或在判斷系爭物品包含新穎特徵之後，始主張排除功能性設計之抗辯，於情理上顯有不合。

美國法院判決，任何人包括法院均不得擴張或減縮具有對外公示效果之申請專利範圍所表彰之專利權範圍[41]。排除功能性設計並非基於衡平向外擴張至均等範圍，故非屬專利權人得主張之事項[42]，若專利權人認為圖面中所揭露之內容係屬功能性設計而非視覺性設計時，應於申請專利之程序中刪除或以虛線表現，否則圖面中所揭露之特徵均為申請專利範圍之限制條件。

基於以上分析，兩造當事人不可能且不能主張「排除功能性設計」而擴大專利權之文義範圍，因此在法理上，排除功能性設計應如同全要件原則一樣，係屬均等侵害判斷之限制而非擴張或減縮範圍，則在專利侵害訴訟程序中，法院應主動從專利權範圍排除功能性設計，當事人雙方均無須主張。換句話說，解釋申請專利之新式樣範圍時，應由法院決定排除功能性設計的結果，始能維持專利侵害訴訟程序之合理性。

3.6.3 何謂功能性設計

依專利審查基準，**功能性設計**係指物品外觀設計特徵純粹取決於功能需求，而為因應其本身或另一物品之功能或結構的設計。功能性設計為構成物品之用途、功能的重要部分，但非屬新式樣專利權保護範圍，其為購買時不會被注意或使用時看不見之內部結構設計，故解釋申請專利之新式樣範圍時，應由具有通常知識者參酌通常知識予以確定[43]，並排除之。

歐盟設計法亦有類似規定[44]，例如物品必須連結或裝配於另一

物品始能實現各自之功能而達成用途者[45]，其設計僅取決於兩物品必然匹配部分之基本形狀，如螺釘與螺帽之螺牙、鎖孔與鑰匙條之刻槽及齒槽。

美國專利法第171條規定，具有新穎、獨創的裝飾性設計始能取得設計專利。美國MPEP 1504.03 II.「非顯而易知性的初步證據」規定：「使用狀態中看不見的部位或功能性設計不得作為准予專利的基礎。**功能性設計**，指為了實用目的或操作功能，使物品易於操作或是能影響物品之品質或成本的設計[46]。」

中國大陸有關「不受外觀設計專利保護的內容」之規定[47]：「下列情形，人民法院應當依據專利法第23條和專利法實施細則第2條第3款的規定，將其排除在外觀設計專利權保護範圍之外：(1)在正常購買時不會予以注意並且消費者在使用時看不到的產品內部的形狀、圖案、色彩特徵；(2)為了實現產品的技術功能所能採用的唯一的外觀設計；(3)為使一個產品能夠連接到或者安裝到另一產品中以便它們發生功能而使用的外觀設計，但為實現技術功能可以有多種外觀設計選擇的除外。」

3.6.4 功能性設計之判斷標準

美國MPEP 1504.01(c) I.「功能性與裝飾性」規定：裝飾性特徵或設計已被定義為「為裝飾目的而創作」者，不得為功能或技術因素的結果或副產物[48]。主要為功能性之發明者，不得予以設計專利[49]。在決定該設計究竟是以功能性或以裝飾性為主時，應審視申請專利之標的的整體設計是否取決於物品的實用目的，而非審究個別特徵係屬功能性或裝飾性[50]。

美國聯邦上訴法院之判決：設計專利的目的是保護裝飾性設計而非功能性設計，專利之設計主要取決於實用性目的而非裝飾性目

的者，應為無效[51]。若設計專利主要是要滿足功能面的需求，設計時，功能性因素的考量遠甚於裝飾性因素的考量，則其非設計專利保護的標的，應被判定無效[52]。特徵分析必須著重在對整體設計的新穎性、獨創性、裝飾性及非顯而易知性有貢獻之獨有的特徵，僅因設計專利中有一項或多項特徵主要係基於實用目的之考量，這種分析方式不適用於設計專利無效程序中，但若設計專利中有多項特徵是基於實用性目的的考量，且該特徵是使該設計合於新穎性、獨創性、裝飾性及非顯而易知性等專利要件之新穎特徵，則該設計專利有可能會被判斷為純功能性設計，而判定為無效[53]。

依前述美國MPEP及法院之判決，設計專利之整體是否為純功能性設計，其判斷標準在於該設計係考量實用性目的或裝飾性目的，若主要係基於實用性目的者，則為純功能性設計。美國關稅及專利上訴法院（Court of Customs and Patent Appeals）曾判決：外觀形狀完全係因應功能因素而衍生者，例如六角形螺帽、滾珠軸承、高爾夫球桿、釣魚桿，其產品之外觀形狀設計純粹係基於功能性因素考量，非屬裝飾性設計者，則非設計專利保護之對象[54]。具有相同功能並有替代可能之裝飾性設計，亦得作為申請專利之新式樣外觀為裝飾性因素結果的證據[55]。

綜合以上美國MPEP及法院判決，若物品之整體主要係基於實用性目的（或功能性因素），而為純功能性設計者，應不准專利；若物品之新穎特徵主要係基於實用性目的（或功能性因素）者，亦應不准專利；若物品之其他部分係取決於實用性目的（或功能性因素）之功能性設計者，雖然得准予專利，但解釋申請專利之新式樣範圍時，應排除之。

3.6.5 物品之實用功能與設計之功能性

　　專利法規定新式樣物品必須可供產業上利用，亦即新式樣物品必須具有實用功能。物品或其特徵之實用功能與新式樣之整體設計或其特徵的功能性，不能相提並論[56]。實用功能係針對物品；功能性係針對設計。

　　可供產業上利用之新式樣物品（例如桌子）必須具有實用功能，其所包含之功能元件（例如桌腳）具有垂直支撐之功能。若作爲申請標的之桌子，其整體設計主要係基於功能性者，則其屬於純功能性設計，不得准予專利。若該桌子被認定爲裝飾性設計，但其桌腳設計主要係基於功能性因素者，仍得取得桌子之新式樣專利，不得因該物品具有實用功能，而不准專利，但解釋申請專利之新式樣範圍時，應排除桌腳之功能性設計。相對的，若桌腳設計主要係基於裝飾性因素者，即使其屬於功能元件，解釋申請專利之新式樣範圍時，仍得作爲限定桌子之專利權範圍的限定條件（limitation）。

3.6.6 使用時看不見之設計

　　美國MPEP 1504.01(c) I.「功能性與裝飾性」規定：「物品於其最終使用的期間中看不見者，不得被認爲是設計之功能性的推定依據（初步證據）。」由於物品於常態使用（normal use）期間的可視性（visibility）並非美國專利法第171條之規定，而是法院用來判決予以專利之設計特徵是否具裝飾性的指南[57]，故對於在銷售期間看得見而在最終使用期間完全看不見之物品設計，該設計仍得取得設計專利之保護[58]。1993年美國聯邦巡迴上訴法院在KeyStone Retaining Wall System Inc., v. Westrock Inc.案[59]「牆磚」專利侵害訴

訟中判決：一般觀察者係在購買時觀察比較牆磚外觀之整體設計，
而非在利用牆磚砌成擋土牆後，始觀察比較牆磚顯露於擋土牆外之
牆磚表面。專利權人主張牆磚專利被侵害，並非主張擋土牆被侵
害，故應就牆磚整體設計予以比對判斷。

　　歐盟設計法第4條規定：「……2.對於應用或融入複合產品之組
件設計，應被認為具有新穎性及特異性：(a)若該複合產品之組件在
複合產品的常態使用（normal use）期間仍然看得見；且(b)該組件
看得見之特徵本身符合新穎性及特異性之要件；3.在2(a)中之『常
態使用』，係指最終使用者的使用，但排除維護、服務或修理工作
[60]。」

　　綜合前述美國與歐盟之觀點，新式樣專利不保護常態使用下看
不見之設計，但常態使用包括物品之銷售及最終的使用，只要物品
之設計在銷售階段看得見，該設計仍得取得設計專利。

3.6.7 例外認定為非功能性設計

　　歐盟設計法第8條第3項規定：「物品設計之目的係容許物品在
模組系統中能夠多元組合或連結者，若其符合新穎性、特異性等專
利要件，仍得准予註冊[61]。」此規定係將積木、樂高玩具或文具組
合等之設計，排除於功能性設計之外。大陸外觀設計專利審查指南
亦有類似之規定[62]。

3.7 確認新穎特徵

　　新穎特徵，指申請專利之新式樣對照申請前之先前技藝，具有
新穎性、創作性等專利要件之創新內容，其必須是透過視覺訴求之
視覺性設計，不得為功能性設計[63]。

　　新穎特徵檢測係美國聯邦巡迴上訴法院於1984年Litton System, Inc. v. Whirlpool Corp.案中所創設，參照**4.2.3 新穎特徵檢測**（見第132頁）。專利侵害訴訟時，當事人得進一步限定新穎特徵，但不得擴大專利權範圍。

　　美國聯邦巡迴上訴法院之判決：「新穎特徵通常係依申請歷史檔案予以確定，而新穎特徵之分析應與顯而易知性之分析相同，得依申請、維護專利之程序中所引用的先前技藝，確認申請專利之新式樣範圍中的新穎特徵[64]。新穎特徵的解釋係法律問題，應由法院決定[65]。」

　　新式樣專利圖說之創作說明中所載之新穎特徵，係申請人主觀認知申請專利之新式樣的創新內容。解釋申請專利之新式樣範圍時，得先以創作說明中所載之內容及申請歷史檔案為基礎，依創作性審查之方式，將申請專利之新式樣與申請歷史檔案或當事人所提之先前技藝比對，客觀認定其新穎特徵。

 ## 3.8 依圖面解釋

　　解釋申請專利之新式樣範圍時，應綜合圖說中各圖面所揭露之點、線、面，再構成一具體的新式樣三度空間設計，而以其物品外觀之視覺性設計整體為專利權範圍，不得將物品外觀之形狀與花紋割裂、拆解，或將形狀的一部分或花紋的一部分與其他部分割裂、拆解，作為專利權範圍。

　　申請標的包括色彩者，應依色彩應用於物品之結合狀態圖，及創作說明中所載指定色彩之工業色票編號或檢附色卡，確定專利權範圍[66]。無結合狀態圖或無工業色票編號或色卡者，其專利權範圍不包含色彩。

　　圖面上表現設計之線條均為實線，非實線之線條僅為讀圖之參

考，不得作爲解釋申請專利之新式樣範圍的依據。

對於因材料特性、機能調整或使用狀態之變化而改變外觀之新式樣，使用狀態圖或其他輔助圖面得爲解釋申請專利之新式樣範圍之依據。標示爲「參考圖」、「使用狀態參考圖」或「××參考圖」之圖面可能包含申請專利之新式樣以外之物品或設計，僅得作爲參考，不得作爲解釋申請專利之新式樣範圍的依據[67]。

雖然新式樣係應用於物品外觀之設計，但對於透過物品表面之透明材料能夠觀察到物品的內部，或物品之整體或局部經折射、反射而產生光學效果者，解釋申請專利之新式樣範圍時，應綜合圖面所揭露之外觀設計與內部視覺性設計或物品之光學效果，不得僅以其外觀設計爲對象。

 ## 3.9 聯合新式樣專利之解釋

聯合新式樣專利權從屬於原新式樣專利權，不得單獨主張，且不及於近似之範圍[68]。解釋聯合新式樣專利之新式樣範圍時，應參酌創作說明中所述其與原新式樣物品用途或創作特點之差異。

註　釋

[1] 尹新天（1998）。《專利權的保護》。專利文獻出版社，頁306-309。

[2] Markman v. Westview Instruments, Inc., 52 F.3d 967 (Fed. Cir. 1995). 由於本案之判決，目前美國專利實務在專利侵權案件初審開庭前，聯邦地方法院會召開聽證會，就申請專利之新式樣範圍中之文義及範圍先行認定，此即「馬克曼聽證會」（Markman Hearing）。正式開庭後，陪審團就依此一認定，判斷是否構成侵權。

[3] KeyStone Retaining Wall Sys., Inc. v. Westrock, Inc., 997 F.2d 1444, 1450, 27 U.S.P.Q.2D (BNA) 1297, 1302 (Fed. Cir. 1993) ("A patented design is defined by the drawings in the patent").

[4] Vitronics Corp. v. Conceptronic, Inc., 90 F.3d 1576 (Fed. Cir. 1996).

[5] 經濟部智慧財產局，第三篇新式樣專利實體審查基準（2005），第一章圖說，「1.2圖說之記載事項及原則」。

[6] 經濟部智慧財產局，第三篇新式樣專利實體審查基準（2005），第一章圖說，「1.2圖說之記載事項及原則」。

[7] Dixie-Vortex Co. v. Lily-Tulip Cup Corp., 95 F.2d 461, 467, 37. USPQ (BNA) 158, 163 (2d Cir. 1938) ("Every element of the design is essential.").

[8] 專利法第109條第1項：「新式樣，指對物品之形狀、花紋、色彩或其結合，透過視覺訴求之創作。」

[9] 35 U.S.C. 282: A patent shall be presumed valid. Each claim of a patent (whether in independent, dependent, or multiple dependent form) shall be presumed valid independently of the validity of other claims ...

[10] Warner-Jenkinson Co., Inc. v. Hilton Davis Chemical Co., 520 U.S 17 (1997). ("A patent holder should know what he owns, and the public should know what he does not.")

[11] Substantive Patent Law Treaty (10 Session), Article 11(4)(a).

[12] Alexander Milburn Co. v. Davis-Bournonville Co., 270 U.S. 390 (1926).

[13] Maxwell v. J. Baker, Inc., 86 F.3d 1098 (Fed. Cir. 1996).

[14] Johnson & Johnston Associates Inc. v. R.E. Service Co. Inc., et al., 285 F.3d 1046 (Fed. Cir. 2002).

[15] 日本特許廳（2002）。「意匠審查基準」22.1.3.1：「公開意匠與全體意

匠屬於以下所有情事者，兩意匠為近似：a.公開意匠之意匠物品與全體意匠之意匠物品的用途及機能相同或近似者；b.各意匠物品之形態相同或近似者。前述a.及b.中為相同者，兩意匠為相同意匠。」

[16] 中國北京高級人民法院審判委員會，關於審理專利侵權糾紛案件若干問題的規定，2003.10.27-29，第17條：「……包括在與外觀設計專利產品相同或相似產品上的相同或者近似的外觀設計。」

[17] COUNCIL REGULATION (EC) No 6/2002 of 12 December 2001 on Community designs Article 36.

Conditions with which applications must comply: 6. The information contained in the elements mentioned in paragraph 2 and in paragraph 3(a) and (d) shall not affect the scope of protection of the design as such.

[18] The Manual of Patent Examining Procedure 1503.01 I. preamble and title: The title of the design identifies the article in which the design is embodied by the name generally known and used by the public but it does not define the scope of the claim.

[19] The Manual of Patent Examining Procedure 1502 Definition of a Design [R-2]: Design is inseparable from the article to which it is applied, and cannot exist alone merely as a scheme of ornamentation. It must be a definite preconceived thing, capable of reproduction, and not merely the chance result of a method or of a combination of functional elements (35 U.S.C. 171; 35 U.S.C. 112, first and second paragraphs).

[20] The Manual of Patent Examining Procedure 1504.04 I. 35 U.S.C. 112 first and second paragraphs: The title does not define the scope of the claimed design but merely identifies the article in which it is embodied. See MPEP § 1503.01, subsection I.…However, it should be understood that when a surface or portion of an article is disclosed in full lines in the drawing it is considered part of the claimed design and its shape and appearance must be clearly and accurately depicted in order to satisfy the requirements of the first and second paragraphs of 35 U.S.C. 112.

[21] The Manual of Patent Examining Procedure 1504.01(a) I. A. general principle governing compliance with the "article of manufacture" requirement: Thus, if an application claims a computer-generated icon shown on a computer screen, monitor, other display panel, or a portion thereof, the claim complies with the "article of manufacture" requirement of 35 U.S.C. 171. Since a

patentable design is inseparable from the object to which it is applied and cannot exist alone merely as a scheme of surface ornamentation, a computer-generated icon must be embodied in a computer screen, monitor, other display panel, or portion thereof, to satisfy 35 U.S.C. 171.

22 中國北京高級人民法院審判委員會，關於審理專利侵權糾紛案件若干問題的規定，2003.10.27-29，第17條：「專利法第56條第2項所稱『外觀設計專利權的保護範圍以表示在圖片或者照片中的該外觀設計專利產品為准』，係指以表示在圖片或者照片中的該外觀設計專利產品的外表可視的形狀、圖案或者其結合以及色彩與形狀和／或圖案的結合的富有美感的新設計為准。包括在與外觀設計專利產品相同或者相似產品上的相同或者近似的外觀設計。」

23 經濟部智慧財產局（2005）。「第三篇新式樣專利實體審查基準」，第一章圖說，「1.2圖說之記載事項及原則」。

24 專利法，第119條第2項。

25 Gorham Mfg. Co. v. White, 81 U.S. (14 Wall.) 511, 512, 20 L. Ed. 731 (1871). (＂The acts of Congress which authorize the grant of patents for design were plainly intended to given encouragement to the decorative arts. They contemplate not so much utility as appearance, and that, not an abstract impression, or picture, but an aspect given to those objects mentioned in the acts. …＂)

26 中國北京高級人民法院審判委員會（2003）。關於審理專利侵權糾紛案件若干問題的規定，2003.10.27-29，第19條第2項：「產品的色彩不能獨立構成外觀設計的保護對象，除非色彩變化的本身已經形成了一種圖案。」

27 中國北京高級人民法院審判委員會（2003）。關於審理專利侵權糾紛案件若干問題的規定，2003.10.27-29，第19條第3項：「製造產品所用材料的本色不受外觀設計專利保護。」

28 日本特許廳（2002）。「意匠審查基準」，21.1.1.1被認定為物品：「申請之意匠要適格，必須是物品形態之創作，由於物品與形態係一整體，不可分離，脫離物品僅是形態者，例如僅是花紋或色彩之創作不被認定為意匠。」

29 L.A. Gear, Inc. v. Thom McAn Shoe Co., 988 F.2d 1117, 1125 25USPQ2d 1913,1918（Fed. Cir 1993).（＂Infringement of a design requires that the designs have the same general visual appearance, such that it is likely that the

purchaser would be deceived into confusing the design of the accused article with the patented design.")

[30] 35 U.S.C. 171. ("Whoever invents any new, original, and ornamental design for an article of manufacture may obtain a patent therefore, subject to the conditions and requirements of this title.")

[31] Lee v. Dayton-Hudson Corp., 838 F.2d 1186, 1188, 5 U.S.P.Q.2D (BNA) 1625, 1627 (Fed. Cir. 1988), KeyStone Retaining Wall Sys., Inc. v. Westrock, Inc., 997 F.2d 1444, 1450, 27 U.S.P.Q.2D (BNA) 1297, 1302 (Fed. Cir. 1993). ("A design patent only protects the novel, ornamental features of the patented design.")

[32] Oddzon Product. Inc., v. Just Toy, Inc122 F.3d 1396 43 U.S.P.Q.2D (BNA) 1641 (Fed. Cir. 1997). ("Where a design contains both functional and non-functional elements, the scope of the claim must be construed in order to identify the non-functional aspects of the design as shown in the patent. Lee, 838 F.2d at 1188, 5 U.S.P.Q.2D (BNA) at 1627.")

[33] 專利法第112條：「下列各款，不予新式樣專利：1.純功能性設計之物品造形……。」

[34] The Manual of Patent Examining Procedure 1502 Definition of a Design： In a design patent application, the subject matter which is claimed is the design embodied in or applied to an article of manufacture (or portion thereof) and not the article itself. ... The design for an article consists of the visual characteristics embodied in or applied to an article. ... The design for an article consists of the visual characteristics or aspect displayed by the article. It is the appearance presented by the article which creates an impression through the eye upon the mind of the observer.

[35] Lee v. Dayton-Hadson Corp., 838 F.2d 1186, [5USPQ 2d 1625] (Fed. Cir. 1988).

[36] The Manual of Patent Examining Procedure 1504.03 II. Prima facie obviousness：Furthermore, hidden portions or functional features cannot be relied upon as a basis for patentability.

[37] Council Regulation on Community designs Art. 8: "1. A Community design shall not subsist in features of appearance of a product which are solely dictated by its technical function. 2. A Community design shall not subsist in features of appearance of a product which must necessarily be reproduced in

their exact form and dimensions in order to permit the product in which the design is incorporated or to which it is applied to be mechanically connected to or placed in, around or against another product so that either product may perform its function."

[38] The Manual of Patent Examining Procedure 1504.02 III. Broken lines: "The ornamental design which is being claimed must be shown in solid lines in the drawing. ... see In re Blum,374 F.2d 904,153 USPQ 177(CCPA1967) and In re Zahn,617 F.2d 261,204 USPQ 988(CCPA1980) ."

[39] Elmer v. ICC Fabricating, Inc., 67 F.3d 1571, 36 USPQ2d 1417 (Fed. Cir. 1995).

[40] 經濟部智慧財產局（2005）。「第三篇新式樣專利實體審查基準」，第一章圖說，「1.5 圖面說明及圖面」。

[41] Max Daetwyler Corp. v. Input Graphics, In., 583 F.Supp. 446, 451, 222 U.S.P.Q. 150 (E.D. Pa. 1984) "The scope of the invention is measured by the claims of the patent. Courts can neither broaden nor narrow the claims to give the patentee something different than what he has set forth."

[42] Elmer v. ICC Fabricating, Inc., 67 F.3d 1571, 36 USPQ2d 1417 (Fed. Cir. 1995).

[43] Read Corp. v. Portec, Inc., 970 F2d 816,825,23 USPQ2d 1426,1434 (Fed. Cir. 1992). ("Where... .a [patented design] is composed of functional as well as ornamental features, to prove infringement a patent owner must establish that an ordinary person would be deceived by reason of common features in the claimed and accused designs which are ornamental ")

[44] Council Regulation on Community designs Art. 8: "1. A Community design shall not subsist in features of appearance of a product which are solely dictated by its technical function."

[45] Council Regulation on Community designs Art. 8: "2. A Community design shall not subsist in features of appearance of a product which must necessarily be reproduced in their exact form and dimensions in order to permit the product in which the design is incorporated or to which it is applied to be mechanically connected to or placed in, around or against another product so that either product may perform its function."

[46] Sears, Roebuck & Co. v. Stiffel Co., 376 U.S. 225, 238, 140 USPQ 524, 530-31 (1964).

[47] 中國北京高級人民法院審判委員會（2003）。關於審理專利侵權糾紛案件若干問題的規定，2003.10.27-29，第18條。

[48] The Manual of Patent Examining Procedure 1504.01(c) I. functionality vs. ornamentality: An ornamental feature or design has been defined as one which was "created for the purpose of ornamenting" and cannot be the result or "merely a by-product" of functional or mechanical considerations. In re Carletti, 328 F.2d 1020, 140 USPQ 653, 654 (CCPA 1964); Blisscraft of Hollywood v. United Plastic Co., 189 F. Supp. 333, 337, 127 USPQ 452, 454 (S.D.N.Y. 1960), 294 F.2d 694, 131 USPQ 55 (2d Cir. 1961).

[49] The Manual of Patent Examining Procedure 1504.01(c) I. functionality vs. ornamentality: The court in Norco Products, Inc. v. Mecca Development, Inc., 617 F. Supp. 1079, 1080, 227 USPQ 724, 725 (D. Conn. 1985), held that a "primarily functional invention is not patentable" as a design.

[50] The Manual of Patent Examining Procedure 1504.01(c) I. functionality vs. ornamentality: "In determining whether a design is primarily functional or primarily ornamental the claimed design is viewed in its entirety, for the ultimate question is not the functional or decorative aspect of each separate feature, but the overall appearance of the article, in determining whether the claimed design is dictated by the utilitarian purpose of the article." L. A. Gear Inc. v. Thom McAn Shoe Co., 988 F.2d 1117, 1123, 25 USPQ2d 1913, 1917 (Fed. Cir. 1993).

[51] Power Controls Corp. v. Hybrinetics Inc., 806 F.2d 234, 238, 231 USPQ 774, 777 (Fed. Cir. 1986).

[52] Power Controls Corp. v. Hybrinetics Inc., 806 F.2d 234, 238, 231 USPQ 774, 777 (Fed. Cir. 1986).

[53] Barofsky v. General Electric Corp., 396 F.2d 340, 343, 158 USPQ 178, (9th Cir. 1968).

[54] In re Carletti, 328 F.2d 1020, 1022, 140 USPQ 653 (CCPA, 1964).

[55] The Manual of Patent Examining Procedure 1504.01(c) III. Rejections made under 35 U.S.C. 171: Within the above affidavit/declaration, possible alternative ornamental designs which could have served the same function may also be submitted as evidence that the appearance of the claimed design was the result of ornamental considerations. L. A. Gear v. Thom McAn Shoe Co., 988 F.2d 1117, 25 USPQ2d 1913 (Fed. Cir. 1993).

[56] The Manual of Patent Examining Procedure 1504.01(c) I. functionality v. ornamentality: "a distinction exists between the functionality of an article or features thereof and the functionality of the particular design of such article or features thereof that perform a function." Avia Group International Inc. v. L.A. Gear California Inc., 853 F.2d 1557, 1563, 7 USPQ2d 1548, 1553(Fed. Cir. 1988).

[57] The Manual of Patent Examining Procedure 1504.01(c) II. Establishing a prima facie basis for rejections under 35 U.S.C. 171 "Visibility during an article's 'normal use' is not a statutory requirement of §171, but rather a guideline for courts to employ in determining whether the patented features are 'ornamental'" Larson v. Classic Corp., 683 F. Supp. 1202, 7 USPQ2d 1747, (N.D. III. 1988).

[58] The Manual of Patent Examining Procedure 1504.01(c) I. functionality vs. ornamentality: "...is clearly intended to be noticed during the process of sale and equally clearly intended to be completely hidden from view in the final use, ..." In re Webb, 916 F.2d 1553, 1558, 16 USPQ2d 1433, 1436(Fed. Cir. 1990)

[59] KeyStone Retaining Wall System Inc., v. Westrock Inc., No.92-1265, (Fed. Cir. 1993).

[60] Council Regulation on Community designs Art. 4: "2. A design applied to or incorporated in a product which constitutes a component part of a complex product shall only be considered to be new and to have individual character: (a) if the component part, once it has been incorporated into the complex product, remains visible during normal use of the latter; and (b) to the extent that those visible features of the component part fulfil in themselves the requirements as to novelty and individual character. 3. 'Normal use' within the meaning of paragraph (2)(a) shall mean use by the end user, excluding maintenance, servicing or repair work."

[61] Council Regulation on Community designs Art. 8: "3.Notwithstanding paragraph 2, a Community design shall under the conditions set out in Articles 5 and 6 subsist in a design serving the purpose of allowing the multiple assembly or connection of mutually interchangeable products within a modular system."

[62] 中國大陸審查指南。第一篇第三章,「4.4.3不給予外觀設計專利保護的

客體」(4)。

63 Oakley, Inc. v. International Tropic-Cal, Inc., 923 F2d 167, 169, 17 USPQ2d 1401, 1403 (Fed. Cir. 1991). ("...the accused design must appropriate the novel ornamental feature of the patented design that distinguish it from the prior art."

64 Goodyear Tire & Rubber Co. v. Hercules Tire and Rubber Co., F.3d 1113, 48 USPQ2d 1767 (Fed. Cir. 1998).

65 In re Plastics Research Corp. Litigation, 63 USPQ2d, at 1924, 1925, U.S. Eastern District of Michigan decided Jan. 04, 2002 (treating point of novelty as a question of law that did not warrant "exercise of the fact-finding function").

66 專利法施行細則,第33條第3項。

67 專利法施行細則,第33條第4項。

68 專利法,第124條第1項。

Design Patent

第 4 章
設計專利權範圍之侵害判斷

系爭物品之技藝內容的解析涉及申請專利之新式樣範圍的解釋等專業知識，解析之主體應為具有通常知識者[1]：(1)解析系爭物品時，應就解釋後申請專利之新式樣範圍中之用途、功能，認定系爭物品對應之部位，無關之部位不得作為比對內容。例如系爭專利之物品為錶帶，系爭物品為包含錶帶之手錶，對應之部位為錶帶，而非手錶；(2)解析系爭物品之設計時，應就解釋後申請專利之新式樣範圍中之形狀、花紋、色彩，認定系爭物品對應之部位，無關之形狀、花紋或色彩不得作為比對內容。例如系爭專利之設計僅為立體形狀，系爭物品包含立體形狀及平面花紋，對應之部位為形狀，不包括花紋；(3)物品之構造、功能、材質、尺寸等非屬形狀、花紋、色彩之特徵，不得作為比對內容[2]。中國大陸亦有類似之規定[3]。

4.1 比對、判斷申請專利之新式樣範圍與系爭物品

專利侵害訴訟中，系爭物品是否落入專利權範圍，必須比對、判斷兩者之物品是否相同或近似[4]、兩者之視覺性設計整體是否相同或近似[5]及系爭物品是否包含新穎特徵[6]。

4.1.1 判斷主體

為排除他人抄襲或模仿新式樣專利，專利法授予申請人專有排他之新式樣專利權範圍包括相同及近似之新式樣[7]。判斷系爭物品是否落入專利權範圍，應模擬市場消費型態，以該新式樣物品所屬領域中具有普通知識及認知能力的消費者（以下簡稱普通消費者）為主體[8]，依其選購商品之觀點，判斷新式樣專利物品與系爭物品是否相同或近似，並判斷新式樣專利視覺性設計整體與系爭物品之設計是否相同或近似。

普通消費者並非該物品所屬領域中之專家或專業設計者，但會因所屬領域之差異而具有不同程度的知識及認知能力。例如日常用品的普通消費者是一般大眾；醫療器材的普通消費者是醫院的採購人員或專業醫師。

1871年美國最高法院在Gorham Co. v. White案[9]中，以一般購買者的觀點判斷系爭物品與系爭專利是否實質相同（substantially the same）。在該案中，法院係以「市場上的購買者」（purchaser in the marketplace）定義一般觀察者，認為一般觀察者係居於購買者的立場，而對於專利說明書中所揭露的設計及相關先前技藝並不瞭解。

4.1.2 物品是否相同或近似之判斷

圖說中之新式樣物品名稱係專利權人指定專利權所施予之物品[10]，物品名稱隱含之用途、功能係認定物品之近似範圍的基礎[11]。例如物品名稱指定「手錶」，隱含其具有計時用途及顯示、攜帶等功能。判斷物品是否相同或近似，尚應考量商品產銷及使用的實際情況，並得參酌「國際工業設計分類」[12]。

相同物品，指用途相同、功能相同。**近似物品**，指用途相同、功能不同者，或指用途相近，不論其功能是否相同者。例如凳子與附加靠背功能的靠背椅，即為近似物品。又如鋼筆和原子筆兩者均屬書寫用途，但兩者之墨水供輸功能不同，亦為近似物品。再如餐桌與書桌，兩者用途相近，亦為近似物品。用途不相同、不相近之物品，例如汽車與玩具汽車，則非相同或近似之物品。

4.1.3 視覺性設計整體是否相同或近似之判斷

判斷系爭物品與申請專利之新式樣物品相同或近似後，接著須

判斷兩者之視覺性設計整體是否相同或近似。

除相同之新式樣外，新式樣專利權範圍尚包括三種近似新式樣之態樣：近似設計應用於相同物品、相同設計應用於近似物品及近似設計應用於近似物品。

美國最高法院在Gorham Co. v. White案[13]中，認為除非系爭物品完全複製系爭專利，始構成設計專利之文義侵害，但完全直接複製是愚笨而罕見的侵權行為，故引用Graver Tank案中之判決，確立了設計專利亦應有均等範圍，並創設實質相同檢測。系爭物品與系爭專利之間不完全相同而有細微差異（slight difference），而該細微差異尚不足以產生不同之視覺效果者，應認定兩者之間無實質差異（no substantial difference），系爭物品與系爭專利實質相同（substantially the same）。

依專利法第123條第1項規定，新式樣專利權保護範圍包括相同新式樣及近似新式樣。參考前述美國最高法院之判決，若判斷系爭物品與系爭專利相同，則構成文義侵害（落入專利權範圍）；若判斷系爭物品與系爭專利近似，則適用均等論（the doctrine of equivalents），構成均等侵害（落入基於衡平所衍生的均等範圍）。由於後續之「是否包含新穎特徵」及「適用禁反言或適用先前技藝阻卻」皆係限縮均等範圍，故筆者認為鑑定要點中之「視覺性設計整體是否相同或近似」之步驟應分為二：「視覺性設計整體是否相同」及「視覺性設計整體是否近似」。前者為文義侵害之判斷；後者為均等侵害之判斷。

由於新式樣專利之創作重點在於物品之設計，而非物品本身，就新式樣專利權範圍之侵害而言，主要在於視覺性設計是否近似的均等侵害判斷。依美國有關發明專利之判決，均等論、禁反言原則及先前技藝阻卻均係基於衡平衍生而來，僅在判斷系爭物品構成均等侵害始有適用之餘地。以下就視覺性設計整體是否近似之判斷，

予以說明。

4.1.3.1 判斷為近似之標準

比對、判斷系爭專利與系爭物品之視覺性設計整體是否近似時，應模擬普通消費者選購商品之觀點。若系爭物品所產生的視覺效果會使普通消費者誤認，而使系爭專利與系爭物品之視覺效果混淆者，應判斷兩者之視覺性設計整體近似。美國[14]及中國大陸[15]有類似之見解。

美國最高法院在Gorham Co. v. White案[16]中，判決：以一般觀察者的觀點，對於系爭物品及系爭專利之設計施予購買時之一般注意力，若兩者之近似欺騙了觀察者，而誘使其購買被誤認之產品，則認為兩者實質相同，系爭物品侵害該設計專利權。一般注意力，指購買產品時所施予之注意程度，僅注意整體設計所產生之視覺效果，而不注意設計間之細微差異。

美國法院認為Gorham之實質相同檢測係屬事實問題，一般觀察者應依整體觀察之原則予以比對、判斷，重點在於整體外觀設計所產生之視覺效果是否相同，若系爭物品與系爭專利之設計僅在圖形或線條有細微之差異，不足以產生不同之視覺效果者，應認定兩者之間實質相同。

歐盟設計法第5條第2項規定：「若設計特徵僅在不重要之細部有差異，應被視為相同（identical）[17]。」歐盟設計並無近似性之規定，但由其第10條第1項規定：「歐盟設計所授予的保護範圍應包含對有知識的使用者（informed user）不會造成整體印象不同的設計[18]。」即知**歐盟的特異性**即為我國所謂的**近似性**，其定義規定於第6條第1項：「若一設計給最終使用者的整體印象（overall impression）不同於已能為公眾得知之設計者，其應被認定有特異性[19]（individual character）。」

4.1.3.2 判斷之時間點

視覺性設計整體之近似判斷，應以普通消費者於侵權行為發生時之觀點作考量[20]。

均等論適用於發明專利時，申請後始開發之新興技術是均等論衡平考量的重點之一，雖然新式樣之設計難稱有技術突破可言，但新式樣具有追隨流行之特性，設計整體之近似判斷仍須侷限於侵權行為發生時之特定時點，考量因時間之差異而可能產生不同的判斷結果。

4.1.3.3 判斷原則

設計專利的侵權判斷原則，包含：(1)全要件原則；(2)比對整體設計；(3)綜合判斷；(4)以主要部位為判斷重點；(5)肉眼直觀；(6)同時同地及異時異地比對、判斷，茲分述如下：

■ 全要件原則

發明專利侵害訴訟中，**全要件原則**，指請求項中每一技術特徵完全對應表現（express）在系爭對象，申請專利範圍中每一技術特徵或與其在實質上均等之結構或步驟表現在系爭對象時，始構成侵害。

對於設計專利，美國巡迴上訴法院在1938年Dixie-Vortex Co. v. Lily-Tulip Cup Corp., 案[21]中，即提出了「設計的每一項元素（特徵）均為必要（essential）」之概念。此外，在Goodyear Tire Co. & Rubber v. Hercules Tire and Rubber Co. [22]案中，法院亦判決：圖面所揭露之事項均為申請專利範圍中之必要元素。美國MPEP 1503.02 III.「虛線」：請求的裝飾性設計應在圖面上以實線表示之。虛線不得用來表示設計不重要的特徵（unimportant or immaterial features）。申請專利之設計並無任何部位是不重要[23]，任何部位之

設計均為申請專利之設計的限制條件。若申請人認為圖面中所揭露之特徵係屬功能性設計而非視覺性設計時，應刪除或以虛線表現，否則圖面中所揭露之特徵均為申請專利範圍之限制條件[24]。

雖然前述美國MPEP中認為申請專利之設計並無任何部位是不重要，惟美國MPEP 1504.02「新穎性」規定：設計專利申請，在決定先前技藝引證資料所揭露之內容方面，其與實用性專利申請相同。即所謂「在所有重要之部分必須相同（must be identical in all material respects）」[25]。另外，歐盟設計法第5條第2項規定：若設計特徵僅在不重要之細部（immaterial details）有差異，應被視為相同[26]。日本意匠審查基準「22.1.3.1 公開意匠與全體意匠之異同判斷」中指出：意匠之異同判斷……因個別意匠而有不同，通常有下列：(1)容易看見的部分相對影響較大；(2)習見形態的部分相對影響較小……。中國大陸亦有類似規定：被控侵權產品和外觀設計專利產品的外觀設計整體近似或者要部相同或者近似的，人民法院一般應當認定容易造成一般消費者的混淆，屬於近似外觀設計[27]。

我國專利審查基準規定，新式樣圖面必須具體、寫實，故即使圖面中所揭露之內容係屬功能性設計或不重要之細部，仍不得刪除或以虛線表現，否則可能導致揭露不明確或不充分。因此，基準中對於新穎性之判斷方式，則規定應以主要設計特徵為重點[28]。

基於前述我國專利審查基準，並參考日本或大陸法規中有關主要部分或要部之規定、歐盟所指的「不重要之細部」及美國MPEP所指的「重要之部分」，對於視覺性設計之近似判斷，固然應遵守「設計的每一項元素均為必要」之概念的全要件原則，但在實際操作之步驟中仍應區分重要之部分及不重要之細部，以重要之部分為判斷重點。事實上，系爭物品「是否包含新穎特徵」之判斷步驟與「以主要部位為判斷重點」之判斷原則兩者之目的均係在減縮或限制前一步驟「視覺性設計整體是否近似」之均等範圍。

■比對整體設計（design as a whole）[29]

對於發明專利之均等判斷，全要件原則係一項重要的限制，判斷時，應就系爭物品對應系爭專利中每一個技術特徵逐一比對、判斷[30]。但對於新式樣專利視覺性設計之近似判斷，全要件原則並非就每一設計元素逐一比對，而係以全部設計元素所構成之整體設計作為比對、判斷之對象，將系爭物品與申請專利之新式樣範圍整體比對（design as a whole / entirety approach），有如發明專利的Hughes Aircraft Company v. United States[31]案或Corning Glass Works v. Sumitomo Electric USA[32]案。

物體所呈現的外觀係透過眼睛，而在觀察者的大腦中產生印象[33]，以構成物體外觀整體（overall appearance）不可分割之視覺印象（visual impression）（即視覺效果）。因此，新式樣專利權應以應用於物品外觀之整體設計（design as a whole）為範圍，不得割裂申請專利之新式樣，局部主張其權利[34]。例如新式樣物品為包含錶帶之手錶，系爭物品僅為錶帶，不得將手錶拆解為錶帶及錶殼，僅就新式樣物品中之錶帶與系爭物品進行比對。又如新式樣設計為形狀及花紋，系爭物品僅具有形狀，不得將新式樣設計拆解，僅就新式樣設計之形狀與系爭物品之形狀進行比對。

判斷系爭物品與經解釋之申請專利之新式樣範圍中的設計是否近似時，應依圖面所揭露之形狀、花紋、色彩再構成三度空間形體，而就其整體視覺性設計與系爭物品比對；不得就六面視圖的每一視圖與系爭物品的每一面各別比對，亦不得拘泥於各個設計要素或不重要之細部差異。

■綜合判斷[35,36,37]

以視覺性設計整體為對象進行比對時，應以經解釋之申請專利之新式樣範圍中主要部位之設計特徵（對照於歐美的重要特徵）為

124

重點，再綜合其他非主要部位之設計細部（對照於歐美的不重要細部），構成整體視覺性設計統合的視覺效果，考量所有設計特徵之比對結果，客觀判斷其與系爭物品是否近似。

　　設計的近似判斷雖然係以申請專利之新式樣視覺性設計整體為對象，但其重點在於主要部位。主要部位之設計特徵相同或近似，而使整體視覺效果近似者，不論非主要部位之設計細部是否相同或近似，仍應認定整體設計近似[38]；反之，主要部位之設計特徵不同，而使整體視覺效果不相同、不近似者，即使非主要部位之設計細部相同或近似，仍應認定整體設計不相同、不近似。

■ 以主要部位為判斷重點[39,40,41]

　　主要部位，指容易引起普通消費者注意的部位，不包括使用中無法目視的部位。通常有視覺正面及使用狀態下之設計二種類型：

1. **視覺正面**[42,43]：新式樣係由六面視圖所揭露之圖形構成物品外觀之設計，各圖面所揭露者均屬專利權範圍之構成部分。惟有些物品在使用狀態下，某些部位之外觀並非消費者注意之焦點（matter of concern），或可能被遮蔽。對於此類物品，應以普通消費者選購或使用商品時所注意的部位作為視覺正面，例如冷氣機之操作面板、冰箱之門扉或吸頂燈之仰視面等均為視覺正面，而以該視覺正面為主要部位，其他部位若無特殊設計，通常不致於影響近似之判斷。

2. **使用狀態下之設計**[44,45]：因運輸、商業、新奇等種種需求，得將物品組合、折疊或變化為多種造形，例如組合玩具可拆成若干組件或零件；折疊燈可伸展為使用狀態或折疊成收藏狀態；手工具組可結合成不同用途之工具。針對此類物品，應以使用狀態下的外觀設計為主要部位，若圖面所揭露伸展後之使用狀態下的設計與系爭物品不可摺疊之設計為近似者，

應判斷兩者之設計為近似。

■ 肉眼直觀[46,47]

設計的近似判斷應模擬消費者選購商品之情境，以肉眼直接觀察為準，不可藉助儀器微觀比較其差異，以免足使普通消費者誤認之物品均被判斷為不近似。

■ 同時同地及異時異地比對、判斷[48,49]

通常消費者選購商品除了同時同地將商品併排直接比對外，也可能僅憑過往之視覺印象經驗，在不同時空異時異地間接隔離觀察比對。以肉眼觀察，先以同時同地之方式再以異時異地之方式比對、判斷解釋後申請專利之新式樣範圍與系爭物品，只要以其中之一方式判斷為近似者，則應認定兩者為近似之設計。

4.1.3.4 其他

依歐盟設計法第10條第2項之規定：評量保護範圍時，應考量創作者開發其設計的自由度[50]。對於開創性發明之物品設計及開創設計潮流之設計，兩者在市場上的競爭商品較少、設計自由度寬廣且需要較高的創意及較多的開發資源，為鼓勵創作，其設計的近似範圍應比既有物品之改良設計更為寬廣。

美國司法實務在過去曾將發明區分為開創性發明及改良發明兩種。開創性發明的大部分或全部技術特徵作為解決問題的技術手段係屬新穎者，其本質上的技術特徵多於非本質上的技術特徵，相對於改良發明，開創性發明享有較大的均等範圍[51]。惟近十年已罕見，因法院並無可行的準則予以區分。

4.2 系爭物品是否包含新穎特徵之判斷

專利法第123條第1項規定：「新式樣專利權人就其指定之新式樣所施予之物品，除本法另有規定者外，專有排除……該新式樣及近似新式樣專利物品之權。」惟參考美國法院之判決，系爭物品與經解釋之申請專利之新式樣範圍中的視覺性設計整體近似，仍不足以認定其落入專利權之均等範圍，尚須判斷系爭物品是否利用該新式樣之新穎特徵，若系爭物品包含該新穎特徵，始有落入專利權之均等範圍的可能。

4.2.1 判斷主體

系爭物品是否包含新穎特徵之判斷爲法律問題，且涉及申請專利之新式樣範圍的解釋等專業知識，判斷主體應爲該新式樣所屬技藝領域中具有通常知識者。

4.2.2 是否包含新穎特徵之判斷

申請專利之新式樣範圍中的新穎特徵已於解釋申請專利之新式樣範圍時予以確認，在本步驟中，僅須比對系爭物品與申請專利之新式樣範圍中的新穎特徵，判斷系爭物品是否包含該新穎特徵。若系爭物品未包含該新穎特徵，應判斷其未落入專利權範圍。

由於視覺性設計整體是否近似之判斷主體爲通常消費者，而本步驟之判斷主體爲該新式樣技藝領域中具有通常知識者，兩種判斷之性質（事實問題與法律問題）不同，判斷主體亦不同，故應分爲兩個步驟，於判斷系爭物品之視覺性設計整體與系爭專利構成近似後，再判斷該視覺性設計是否包含系爭專利之新穎特徵。

4.2.3 新穎特徵檢測

　　美國聯邦巡迴上訴法院於1984年Litton System, Inc. v. Whirlpool Corp. [52]案中，創設新穎特徵（point of novelty）檢測，確立「被告設計必須竊用設計專利之新穎特徵」始構成侵害之原則。法院判決：系爭物品必須竊用設計專利之新穎特徵，始構成侵害，而該特徵必須是設計專利異於先前技藝的裝飾性特徵。

　　經Gorham之實質相同檢測[53]，即使判斷系爭物品與系爭專利之視覺性設計整體實質近似，尚不足以認定系爭物品落入專利權之均等範圍，仍須判斷其是否利用系爭專利之新穎特徵。若系爭物品之視覺性設計包含該新穎特徵，始落入專利權之均等範圍。實質相同檢測與新穎特徵檢測已為美國法院在設計專利侵害訴訟中必須進行的雙重檢測（two-fold test），不待當事人提起。新穎特徵檢測適度限縮Gorham檢測適用均等論所擴張之專利權均等範圍；但僅適用於設計專利侵害判斷，不適用於重複專利、創作性等專利無效訴訟[54]。

　　參考「全要件原則」，美國法院於1938年Dixie-Vortex Co. v. Lily-Tulip Cup Corp.案中，即提出了「設計的每一項元素均為必要」之概念：申請專利之設計並無任何部位是不重要之特徵。

　　既然任何部位之特徵均重要，再將其分為新穎特徵及非新穎特徵兩種，此概念與前述日本意匠之「要部說」及大陸外觀設計之「重點比較要部」類似。惟由於視覺性設計整體之近似判斷與新穎特徵檢測之性質不同，判斷主體不同，美國法院認為新穎特徵檢測係減縮均等範圍，應分為兩步驟進行；而日本及大陸認為要部說係近似判斷之限制，於近似判斷時應一併認定要部。無論新穎特徵檢測係屬均等範圍之減縮或屬均等範圍之限制，判斷之結果並無不

同，參照**4.2.4.3 新穎特徵檢測與美國發明專利均等侵害判斷法則之比較**，新式樣專利權範圍之侵害判斷流程中將「是否包含新穎特徵」作為「視覺性設計整體是否近似」之判斷的下一步驟。

4.2.4 新穎特徵檢測之探討

新穎特徵檢測係為實踐專利法之精神而創設。國家授予專利權人特定期間之排他權，專利權保護範圍理應與專利之發明的貢獻相當，故於新式樣專利侵害訴訟中進行新穎特徵檢測似有其必要。

4.2.4.1 新穎特徵之定義

美國聯邦巡迴上訴法院創設新穎特徵檢測，確立「被告設計必須竊用設計專利之新穎特徵」始構成侵害之原則，利用新穎特徵檢測減縮均等論所擴張之專利權均等範圍。**新穎特徵**，係設計專利異於先前技藝的裝飾性設計[55]，即對於先前技藝有貢獻之裝飾性設計，而非功能性設計。

4.2.4.2 日本發明專利侵害訴訟

雖然在美國發明專利侵害訴訟判決中，未見新穎特徵檢測，但**日本發明專利侵害訴訟**（Tsubakimoto Seiko Co. Ltd. v. THK K.K.）判決中有類似之判斷。1998年日本最高法院在Tsubakimoto Seiko Co. Ltd. v. THK K.K.案「具有滾珠槽之軸承」[56,57]發明專利之判決，其詳細闡述構成均等侵害五項要件，第1項要件為系爭物品與申請專利範圍之間有差異之技術特徵不得為發明本質上的技術特徵。在「具有滾珠槽之軸承」專利之侵害訴訟判決後，東京地方法院及大阪地方法院在專利侵害訴訟案中判決：本質上的技術特徵，指以發明解決問題之方式為基礎的技術特徵，即對先前技術有貢獻具有進步性之技術特徵。若依前述日本最高法院之判決及美國聯邦巡迴上訴法

院之判決，日本判決中所指的「本質上的技術特徵」與美國判決中所指的新穎特徵的意義均為對於先前技術（藝）有貢獻之特徵。

4.2.4.3 新穎特徵檢測與美國發明專利均等侵害判斷法則之比較

依前述內容，美國聯邦巡迴上訴法院確立「被告設計必須竊用設計專利之新穎特徵」始構成侵害之原則。惟所謂「竊用」的定義並不明確，若包含新穎特徵之近似範圍，由於新穎特徵檢測前一步驟的實質相同檢測即為視覺性設計整體之近似判斷，故新穎特徵檢測似重複了比對步驟，且幾乎無法達到減縮專利權之均等範圍的目的；若僅包含相同之新穎特徵，則將新穎特徵檢測與美國發明專利均等侵害之判斷法則比較後，有以下幾點值得探討。

■開創性設計之保護力度不及改良設計

開創性發明之物品設計及開創設計潮流之設計中大部分設計特徵係屬新穎，相對於僅有少部分設計特徵係屬新穎之改良設計，其近似範圍原本應比既有物品之改良設計更為寬廣。但若「被告設計必須竊用設計專利之新穎特徵」始構成侵害，只要未利用其一部分新穎特徵則不構成侵害，將導致侵害開創性設計的門檻較高，其保護力度反而不及改良設計的結果。例如前者之新穎特徵有十個，後者僅有一個，仿冒者抄襲前者九個新穎特徵不構成侵害，但抄襲後者一個新穎特徵即構成侵害，則必然減損業者開創全新設計之意願，而阻礙國家產業發展。

■均等範圍不及於抄襲部分新穎特徵之新式樣

新穎特徵，係設計專利異於先前技藝的裝飾性設計。若申請後始開發之設計僅利用系爭專利之一部分新穎特徵，或利用所有新穎特徵但於細部稍加修飾，即使系爭物品之視覺性設計整體與系爭專利構成近似，因未完全竊用設計專利之新穎特徵，則不構成侵害。

　　新穎特徵作爲新式樣專利權範圍之核心，係決定該專利之價值的主要特徵。新興的流行設計是均等論衡平考量的重點之一，由於「被告設計必須竊用設計專利之新穎特徵」始構成侵害，致使專利權保護範圍不及於近似但不相同的新興的流行設計，結果勢必影響專利之價值，變相鼓勵他人仿冒抄襲。

■幾乎沒有適用先前技藝阻卻之可能

　　由於系爭專利係對照申請前之先前技藝具有創作性等專利要件之新式樣，且「被告設計必須竊用設計專利之新穎特徵」始構成侵害，在系爭物品＝系爭專利（二者新穎特徵完全相同），系爭專利≠先前技藝（新穎特徵未見於先前技藝），則系爭物品≠先前技藝（系爭物品竊用新穎特徵之部分未見於先前技藝）的邏輯下，在判斷構成均等侵害之後，幾乎沒有適用先前技術阻卻之可能。

　　再者，若系爭物品與系爭專利近似並利用其新穎特徵，且系爭物品與先前技藝相同者，即得透過舉發程序撤銷系爭專利，或提起專利權效力不及之抗辯[58]，無須主張先前技術阻卻。

　　基於以上三點分析，筆者認爲新穎特徵檢測時即使系爭物品必須包含每一個新穎特徵，但只要對應之設計與新穎特徵構成近似，即可認定落入均等範圍，而不須每一個特徵皆相同。

　　筆者認爲視覺性設計整體近似的判斷標準——「視覺效果混淆」之判斷難免流於主觀，爲避免基於該標準所認定之均等範圍過於廣泛，有必要以新穎特徵檢測具體限制之。換句話說，新穎特徵檢測係判斷使前一步驟視覺性設計整體構成近似之部分是否爲新穎特徵而非其他習知設計所產生之視覺效果。具體而言，若系爭對象包括了每一個新穎特徵，且其所包括之對應特徵與新穎特徵構成近似，則可以認定視覺性設計整體近似係導因於新穎特徵而非習知設計。

基於前段分析，新穎特徵檢測之判斷與日本意匠之「要部說」及大陸外觀設計之「重點比較要部」異曲同工（請參酌「綜合判斷」），均係作為實質相同檢測之限制[59]，主要之差異在於鑑定要點之規定係以新穎特徵檢測與實質相同檢測兩步驟完成判斷，日本或中國大陸係以一步驟完成判斷，而以「要部」作為步驟中之判斷原則及限制。其原因在於：新穎特徵檢測係源於美國Litton案，美國在專利侵權訴訟程序中須區別事實或法律問題，而大陸法系並無陪審團制度，故以一步驟完成判斷並以「要部」作為步驟中之判斷原則及限制，反而顯得乾淨俐落。對於「專利侵害鑑定要點」之規定而言，由於在解釋申請專利之新式樣範圍時，即已確認新穎特徵，若沿襲要部說之概念，新穎特徵作為視覺性設計整體之近似判斷的限制（宛如全要件原則作為均等論之限制，而非如禁反言原則作為限縮均等範圍之步驟），以單一步驟完成判斷，則無前述**4.2.2是否包含新穎特徵之判斷**中所指的兩種判斷之性質（事實問題與法律問題）不同及判斷主體不同的問題。

4.3 禁反言原則

專利侵害訴訟中，判斷系爭物品與系爭專利視覺性設計整體近似且包含新穎特徵之後，若當事人主張禁反言原則，應再判斷禁反言原則是否能阻卻均等論之適用，若以禁反言原則能阻卻均等論之適用，則系爭物品不構成侵害。

自1995年Markman v. Westview Instruments案起即確立解釋申請專利範圍之依據分為內部證據及外部證據。內部證據包括申請、維護專利之程序中所產生的申請歷史檔案。在專利侵害訴訟中，申請歷史檔案得作為解釋申請專利範圍之依據，並得作為主張適用禁反言原則阻卻系爭物品構成均等侵害之依據。

4.3.1 何謂禁反言原則

　　禁反言原則，又稱**申請程序禁反言原則**或**申請檔案禁反言原則**（prosecution history estoppel / file wrapper estoppel），指申請、維護專利之程序中，因「有關可專利性」就申請專利之新式樣範圍所為之說明或修正，而減縮申請專利之新式樣範圍者，嗣後在專利侵害訴訟中構成專利權範圍之限制，不得藉均等論之擴張，而將說明或修正所放棄（surrender）之部分重新取回（recapture）[60]。

　　1980年美國法院在McGrady v. Aspenglas Corporation案[61]中確立禁反言原則適用於設計專利侵害訴訟之原則。美國最高法院分別於1997年Warner-Jenkinson案及2002年Festo案，對於發明專利侵害訴訟中禁反言原則之適用，作出詳細的闡述。

　　美國最高法院於1997年Warner-Jenkinson v. Hilton Davis[62]案中肯認禁反言原則得阻卻均等論之適用，判決：申請專利範圍經修正之部分不得再被主張屬於均等範圍，申請、維護專利之程序中有關可專利性之修正，始適用禁反言原則。原告必須說明修正理由，若無法確知修正理由，推定係基於克服先前技術之核駁，但原告得提出反證予以推翻。惟最高法院未進一步說明「有關可專利性」是否包括「可據以實施」（enablement）、「書面揭露」（written description）等其他要件，亦未說明是否請求項一經修正，即不得主張該請求項之均等範圍。

　　對於前述兩個問題，美國最高法院於2002年Festo Corporation v. Shoketsu Kinzoku Kogyo Kabushiki Co., Ltd.[63]案中判決：任何與核准專利有關之要件，例如可據以實施、書面揭露等，均有關可專利性；但禁反言原則僅能彈性限制均等論，並將是否有適用均等論之空間的證明責任由專利權人負擔。

就新式樣專利侵害訴訟而言，若系爭物品與經解釋之申請專利之新式樣範圍中之視覺性設計整體近似且包含新穎特徵，但有證據能證明使系爭物品落入系爭專利之近似範圍的部分，係專利權人於申請、維護專利之程序中所減縮之範圍者，則適用禁反言原則，應判斷不構成侵害。例如專利權人於申請、維護專利之程序中，宣稱圖面上某一特定部位為視覺性設計，嗣後不得再主張該特定部位係功能性設計，無須作為比對之內容。又如於申請、維護專利之程序中，申覆圖面上某一特定部位為新穎特徵，嗣後不得再主張該部位非新穎特徵。

至於在申請、維護專利之程序中，申覆或修正圖說而擴大申請專利之新式樣範圍，例如刪除花紋而僅申請形狀，或宣稱圖面上某一特定部位為功能性設計者，則無主張禁反言原則之空間，惟專利侵害之情況千變萬化，類似情況是否適用禁反言原則，尚待觀察法院之判決。

4.3.2 禁反言原則之類型

申請歷史檔案有兩種作用：作為解釋申請專利之新式樣範圍及主張禁反言原則之依據。申請、維護專利之程序中，審查人員有核駁意見時，申請人必須提出說明及／或修正，申請人提出之說明得作為嗣後解釋申請專利範圍之依據，解釋的對象是專利權之文義範圍；若該說明減縮了申請專利範圍，亦得適用於禁反言原則，減縮的對象是專利權之均等範圍。美國法院認為禁反言原則分為：基於說明之禁反言原則（argument-based estoppel）及基於修正之禁反言原則（amendment-based estoppel）兩種。無論是說明或修正之禁反言原則，只要申請歷史檔案減縮了申請專利之新式樣範圍，均得主張禁反言原則[64]。

4.3.3 禁反言原則之特性

主張禁反言原則，並非以申請歷史檔案重新解釋申請專利之新式樣範圍以減縮圖面所揭露之專利權（文義）範圍，而係減縮專利權之近似（均等）範圍。禁反言原則與均等論均係基於衡平衍生而來的法則，故禁反言原則係於系爭物品構成近似，始須進行比對判斷，但應由被告提出適用禁反言原則之申請歷史檔案，作為客觀證據。

傳統禁反言理論係由誠信原則衍生而來，通常被視為一種抗辯手段，必須由被告主張並負擔舉證責任，證明導致禁反言原則之事由，始得適用。我國「專利侵害鑑定要點」採此觀點[65]。

惟美國法院的主流意見認為，禁反言原則係專利侵害判斷時解釋申請專利範圍的一種獨立手段，法院不應被動等待當事人主張，而應主動調查是否有足以導致適用禁反言原則之事實。1968年於General Instrument Cop. v. Huges Aircraft Co.案，美國法院判決：若禁反言原則僅係一種抗辯，被告在一審程序中未提出，即應認定已放棄該抗辯。因此，禁反言原則並非僅為一種抗辯，其亦得作為專利權範圍之限制。法院參考說明書解釋申請專利範圍時，尚須審究專利歷史檔案。在申請、維護專利之程序中被刪除或核駁之申請專利範圍不得在專利侵害訴訟中重新取回，此不僅涉及當事人之利益，亦涉及公眾利益。因此，雖然地方法院未論及禁反言原則，上訴法院不應被動等待當事人提出主張，仍有責任主動進行禁反言原則之判斷[66]。

此外，中國北京高級人民法院審判委員會「關於審理專利侵權糾紛案件若干問題的規定」，2003.10.27-29第13條為「禁止反悔原則」，係列入第一節「發明、實用新型專利侵權判定」[67]，而非列

入第四節「侵權抗辯」。

專利侵害訴訟中之禁反言原則已脫離傳統禁反言理論自成一格，傳統禁反言理論係指相對人信賴行為人之意思表示，行為人須負擔法律上之義務，不得再為相反之主張。在專利侵害訴訟中，由於被告是否信賴專利權人在申請、維護專利之程序中所為關於申請專利之新式樣範圍之表示，並非是主張禁反言原則之構成要件，被告不須證明專利權人主觀上有意為前述之表示，亦不須證明被告之信賴，只要申請歷史檔案顯示客觀證據，即適用禁反言原則。

4.3.4 判斷主體

禁反言原則之判斷為法律問題，涉及申請專利之新式樣範圍的解釋等專業知識，判斷主體應為該新式樣所屬技藝領域中具有通常知識者。

4.3.5 判斷步驟

系爭物品與申請專利之新式樣範圍中的視覺性設計整體構成近似（均等侵害）時，法院須考慮是否有禁反言原則之適用，其判斷之步驟[68]：

1.確認圖面是否曾被申覆或修正。
2.考量申請專利之新式樣範圍是否被減縮。
3.若以上答案皆為肯定者，應再確認該申覆或修正理由是否為「有關可專利性」。
4.若申覆或修正理由不明，法院應推定為「有關可專利性」。
5.專利權人得舉反證推翻法院之推定。

4.4 先前技藝阻卻

專利侵害訴訟中，判斷系爭物品與系爭專利視覺性設計整體近似且包含新穎特徵之後，若當事人主張先前技藝阻卻，應再判斷先前技藝是否能阻卻均等論之適用，若以先前技藝可以阻卻均等論之適用，系爭物品不構成侵害[69]。

由於無專利權之先前技藝係公共財產，任何人均得自由利用，若以均等論過度擴張專利權範圍，而使近似範圍涵蓋系爭專利申請日前已公開之先前技藝，並不符合公平原則，故均等論之適用不僅受全要件原則及禁反言原則之限制，亦受先前技藝阻卻之限制。

先前技藝阻卻，指系爭物品為申請專利之前的先前技藝所涵蓋者，得阻卻均等論之適用，系爭物品不構成侵害。

4.4.1 舉證責任

專利侵害訴訟時，應推定專利權為有效。美國聯邦巡迴上訴法院認為先前技藝阻卻之判斷係屬法律問題，被告認為系爭物品為申請專利之前的先前技藝所涵蓋者，應負擔舉證責任（burden of production）[70]，提出證據後，專利權人應負擔說服責任（burden of persuasion），證明該申請專利之新式樣範圍未涵蓋先前技藝。

4.4.2 適用場合

先前技藝阻卻係基於衡平衍生而來，主張先前技藝阻卻僅能減縮專利權之近似（均等）範圍，不得重新界定申請專利之新式樣範圍。

我國專利權之授予係一種授益之行政處分，專利權有效與否

應由行政機關認定。基於權力分立原則，專利權有效性之核定對於法院產生確認效力。一旦專利審定核准後，若未經第三人提起舉發撤銷該專利權或專利權人未放棄該專利權，該專利權應被認定為有效。專利侵害訴訟中，被告認為系爭專利違反專利要件或涵蓋先前技藝，應透過行政程序撤銷該專利權。

凡可供產業上利用之新式樣，申請前有相同或近似之新式樣，已見於刊物或已公開使用者，或申請前已為公眾所知悉者，不得取得新式樣專利[71]。若系爭物品與系爭專利相同且與先前技藝近似，顯然該專利違反專利要件，應透過舉發專利權無效之程序解決，而非主張先前技藝阻卻。若系爭物品與系爭專利近似且與先前技藝近似，系爭專利並不必然違反專利要件，例如A近似B，B近似C，A與C不一定近似。為符合公平原則，我國「專利侵害鑑定要點」傾向美國之觀點，建議先前技藝阻卻僅適用於系爭物品與系爭專利近似的場合，不適用於相同的場合。

2002年美國聯邦巡迴上訴法院於Tate Access Floors, Inc. v. Interface Architectural Res., Inc.案[72]中判決先前技術阻卻僅適用於均等侵害，法院認為，均等範圍不得擴張至涵蓋先前技術、或以先前技術為基礎顯而易見之部分，理由在於均等論之適用係將專利權範圍擴張至文義範圍之外，但均等論基於衡平擴張專利權範圍必須受到先前技術之限制，故不適用於文義侵害。此外，依美國專利法第282條第2項，被告抗辯專利無效必須提出清楚且明確之證據（clear and convincing evidence），而主張先前技術阻卻僅須提出優勢證據（preponderance of the evidence）。若系爭對象構成文義侵害而仍允許被告主張先前技術阻卻，無異變相鼓勵被告逃避專利無效訴訟較重的舉證責任。

日本最高法院認為，先前技術阻卻適用於文義侵害及均等侵害兩種情況[73]，大陸亦採此觀點[74]。

4.4.3 先前技藝的範圍

　　主張先前技藝阻卻，可聲明先前技藝與專利法所規定之先前技藝並無不同，包括申請前已見於刊物、已公開使用或已為公眾所知悉之技藝，應涵蓋申請日之前（不包括申請當日）所有能為公眾得知（available to the public）之資訊，且並不限於世界上任何地方、任何語言或任何形式，例如書面、電子、網際網路、口頭、展示或使用等[75]。

　　無專利權之先前技藝屬於公共財產，任何人均得自由利用。對於有專利權之先前技藝而言，無論該先前技藝是否能使系爭專利無效，系爭物品是否侵害該先前技藝之專利權與其是否侵害系爭專利權無關[76]。因此，無論先前技藝是否有專利權，均得據以主張先前技藝阻卻。

4.4.4 判斷主體

　　先前技藝阻卻之判斷為法律問題，涉及申請專利之新式樣範圍的解釋等專業知識，判斷主體應為該新式樣所屬技藝領域中具有通常知識者。

4.4.5 先前技藝阻卻之判斷

　　專利權之近似（均等）範圍係由圖面所揭露之專利權（文義）範圍向外擴張，涵蓋會產生視覺效果混淆之範圍。先前技藝阻卻的結果係減縮專利權之近似範圍。先前技藝阻卻之適用係就涵蓋系爭物品之申請專利之新式樣範圍予以判斷，若系爭物品為先前技藝所涵蓋，應判斷系爭物品係利用先前技藝，不構成侵害。

　　1990年於Wilson Sporting Goods Co. v. David Geoffrey[77]案中，爭

139

議的焦點在於涵蓋系爭對象之均等範圍是否亦涵蓋先前技術。美國聯邦巡迴上訴法院認為：專利權人不得以均等論為藉口，從專利商標局取得不當之權利。均等論之目的在於防止他人剽竊專利發明之成果，而非給予專利權人不合專利法規定之保護。因此，法院創設「假設性申請專利範圍分析法」作為先前技術是否能阻卻均等論之適用的判斷方法，將系爭專利之申請專利範圍中與系爭對象均等之技術特徵擴大，涵蓋系爭對象中對應之技術內容，再將其視為一虛擬的申請專利範圍與系爭專利申請前之先前技術比對。該分析法係由法院就涵蓋系爭對象之均等範圍，審核其是否符合新穎性、進步性等專利要件的方法。適當的話，得直接將系爭對象視為一虛擬的申請專利範圍與先前技術比對。

操作「假設性申請專利範圍分析法」時，係由被告主張先前技藝阻卻並提出系爭專利申請前之先前技術證據，再由專利權人[78]就申請專利範圍中未明確記載但有依據或支持的部分，提出一個在文義上能涵蓋系爭對象之虛擬的申請專利範圍，再將該虛擬的申請專利範圍與該先前技術比對。若該虛擬的申請專利範圍具新穎性及進步性者，應判斷均等範圍得擴及系爭對象，系爭對象構成均等侵害；惟若該假設之申請專利範圍不具新穎性或進步性者，應判斷均等範圍不得擴及系爭對象，系爭對象不構成均等侵害。

就發明專利而言，文義侵害與新穎性二者之判斷有相當的對應關係，均等侵害與進步性二者之判斷有相當的對應關係。先前技術阻卻係基於衡平衍生而來，先前技術阻卻的結果係減縮專利權之均等範圍，故以「假設性申請專利範圍分析法」作為先前技術阻卻是否適用之判斷方法，其與進步性判斷有相當的對應關係，分析時得組合多項先前技術或該發明所屬技術領域中之通常知識，判斷先前技術阻卻是否適用。

惟就新式樣專利而言，文義侵害之相同設計判斷與均等侵害之

近似設計判斷均與新穎性判斷有對應關係,僅限單一先前技藝之比對、判斷,故「假設性申請專利範圍分析法」不適用於新式樣專利侵害訴訟中先前技藝阻卻之判斷。

1998年美國聯邦巡迴上訴法院在Hughes Aircraft Company v. United States案及1986年德國最高法院在Formstein案[79]中對於先前技術阻卻之判斷,係先將系爭物品與系爭專利比對,再將系爭物品與先前技術比對,最後判斷兩者之相近程度。若前者更相近,則構成侵害;若後者更相近,則不構成侵害。惟相近程度係不確定之概念,難以精確判斷,美國在Hughes Aircraft案之後即未利用此判斷方法。

筆者認為判斷是否適用先前技藝阻卻,應比對系爭物品、系爭專利及先前技藝,若三者之間構成近似,應透過舉發專利權無效之程序解決,而非主張先前技藝阻卻。若系爭物品與系爭專利、先前技藝近似,但系爭專利與先前技藝不近似,被告始能主張系爭物品係利用先前技藝,適用先前技藝阻卻,以減縮系爭專利之近似範圍。

4.4.6 先前技藝阻卻與禁反言原則之間的關係

先前技藝及禁反言原則均能阻卻均等論之適用,兩者在專利侵害訴訟中得分別主張,亦得一併主張,主張時應考量下列之差異點[80]:

1.先前技藝阻卻係被告的抗辯手段,法院沒有責任主動檢索先前技藝,被告提出主張始予審理。禁反言原則並非僅為一種抗辯手段,其亦得作為專利權範圍之限制,故不僅涉及當事人之利益,亦涉及公眾利益,法院有責任主動進行禁反言原則之判斷(但我國專利侵害鑑定要點不採此觀點)。

2.主張先前技藝阻卻，被告應負擔舉證責任，提出證據後，專利權人應負擔說服責任，證明申請專利之新式樣範圍未涵蓋先前技藝。被告主張禁反言原則，專利權人必須說明修正申請專利之新式樣範圍之理由，若無法確知修正理由，推定係為克服先前技藝之核駁，原告得提出反證予以推翻。

3.先前技藝阻卻係從專利權之近似範圍排除先前技藝之部分而減縮範圍；禁反言原則係從專利權之近似範圍排除有關可專利性之修正或申覆的部分，所減縮之範圍可能僅有一部分係屬先前技藝，故其適用之範圍比先前技藝阻卻寬廣。

4.先前技藝阻卻係以屬於外部證據之先前技藝阻卻均等論之適用；禁反言原則係以屬於內部證據之申請歷史檔案阻卻均等論之適用，兩者舉證之來源不同，但均應於判斷構成近似設計之後始得提出主張。

註 釋

1 Markman v. Westview Instruments, Inc., 52 F.3d 967 (Fed. Cir. 1995).

2 經濟部智慧財產局（2005）。第三篇新式樣專利實體審查基準，第三章專
利要件「2.4.3.2.5 其他注意事項」。

3 中國北京高級人民法院審判委員會，關於審理專利侵權糾紛案件若干問題
的規定，2003.10.27-29，第23條第3項。

4 中國北京高級人民法院審判委員會，關於審理專利侵權糾紛案件若干問題
的規定，2003.10.27-29，第21條第1項：被控侵權產品在……相同或者相
似產品上使用……相同或者近似的外觀設計……構成外觀設計專利侵權。

5 Oddzon Product. Inc., v. Just Toy, Inc122 F.3d 1396 43 U.S.P.Q.2D (BNA)
1641 (Fed. Cir. 1997). ("The comparison step of the infringement analysis that
fact-finder to determine whether the patent design as a whole is substantially
similar in appearance to the accused design.")

6 L.A. Gear, Inc. v. Thom McAn Shoe Co., 988 F.2d 1117, 1125 25USPQ2d 1913,
1918 (Fed. Cir 1993). ("The accused design must also contains substantially
the same point of novelty that distinguished the patented design from the prior
art.")

7 專利法第123條第1項：新式樣專利權人就其指定新式樣所施予之物品，除
本法另有規定者外，專利排除他人未經其同意……該新式樣及近似新式樣
專利物品之權。

8 Read Corp. v. Portec, Inc., 970 F2d 816, 825, 23 USPQ2d 1426,1434 (Fed. Cir.
1992). ("Where... .a [patented design] is composed of functional as well as
ornamental features, to prove infringement a patent owner must establish that
an ordinary person would be deceived by reason of common features in the
claimed and accused designs which are ornamental. ")

9 Gorham Co. v. White, 81 U.S. (14 Wall.) 511 (1871).

10 專利法第123條第1項：新式樣專利權人就其指定新式樣所施予之物
品……。

11 日本特許廳（2002年）。「意匠審查基準」，22.1.3.1：「公開意匠與全
體意匠屬於以下所有情事者，兩意匠為近似。a.公開意匠之意匠物品與全
體意匠之意匠物品的用途及機能相同或近似者……。」

[12] 中國北京高級人民法院審判委員會（2003）。關於審理專利侵權糾紛案件若干問題的規定，2003.10.27-29，第22條第3項：「人民法院認定產品用途，可以參考產品的名稱、外觀設計專利授權時指定使用該外觀設計的產品類別（即按照國務院專利行政部門公布的外觀設計產品分類表指定的同一小類），並考慮產品銷售和實際使用的情況。」

[13] Gorham Co. v. White, 81 U.S. (14 Wall.) 511 (1871).

[14] L.A. Gear, Inc. v. Thom McAn Shoe Co., 988 F.2d 1117, 1125 25USPQ2d 1913,1918 (Fed. Cir 1993). （"Infringement of a design requires that the designs have the same general visual appearance, such that it is likely that the purchaser would be deceived into confusing the design of the accused article with the patented design."）

[15] 中國北京高級人民法院審判委員會（2003）。關於審理專利侵權糾紛案件若干問題的規定，2003.10.27-29，第24條第1項：「人民法院在判斷近似外觀設計時，應當以一般消費者施以一般注意力是否容易混淆為准。容易產生混淆的即為近似外觀設計；反之，即為既不相同也不近似外觀設計。第4項：本條所稱一般消費者，是指產品的最終消費者，但與產品的消費或者服務有密切聯繫的經營者也可以視為一般消費者……。」

[16] Gorham Co. v. White, 81 U.S. (14 Wall.) 511 (1871). （"If in the eye of an ordinary observer giving such attention as a purchaser usually gives, two designs are substantially the same, if the resemblance is such as to deceive such an observer, inducing him to purchase one supposing it to be the other, the first one patented is infringed by the other."）

[17] Council Regulation on Community designs Art. 5: "2. Designs shall be deemed to be identical if their features differ only in immaterial details."

[18] Council Regulation on Community designs Art. 10: "1The scope of the protection conferred by a Community design shall include any design which does not produce on the informed user a different overall impression."

[19] Council Regulation on Community designs Art. 5: "1. A design shall be considered to have individual character if the overall impression it produces on the informed user differs from the overall impression produced on such a user by any design which has been made available to the public."

[20] In re Plastics Research Corp. Litigation, 63 USPQ 2d, at 1924, 1925, U.S. Eastern District of Michigan decided Jan. 04, 2002.

[21] Dixie-Vortex Co. v. Lily-Tulip Cup Corp., 95 F.2d 461, 467, 37. USPQ (BNA)

158, 163 (2d Cir. 1938). ("Every element of the design is essential.")

[22] Goodyear Tire & Rubber Co. v. Hercules Tire and Rubber Co., F.3d 1113, 48 USPQ2d 1767 (Fed. Cir. 1998).

[23] The Manual of Patent Examining Procedure 1504.02 III. Broken lines: "The ornamental design which is being claimed must be shown in solid lines in the drawing. Dotted lines for the purpose of indicating unimportant or immaterial features of the design are not permitted. There are no portions of a claimed design which are immaterial or unimportant. see In re Blum, 374 F.2d 904, 153 USPQ 177(CCPA1967) and In re Zahn, 617 F.2d 261, 204 USPQ 988(CCPA1980)."

[24] Elmer v. ICC Fabricating, Inc., 67 F.3d 1571, 36 USPQ2d 1417 (Fed. Cir. 1995).

[25] The Manual of Patent Examining Procedure 1504.02 novelty: In design patent applications, the factual inquiry in determining anticipation over a prior art reference is the same as in utility patent applications. That is, the reference "must be identical in all material respects." Hupp v. Siroflex of America Inc., 122 F.3d 1456, 43 USPQ2d 1887 (Fed. Cir. 1997).

[26] Council Regulation on Community designs Art. 5: "2. Designs shall be deemed to be identical if their features differ only in immaterial details."

[27] 中國北京高級人民法院審判委員會（2003）。關於審理專利侵權糾紛案件若干問題的規定，2003.10.27-29，第24條第3項：「被控侵權產品和外觀設計專利產品的外觀設計整體近似或者要部相同或者近似的，人民法院一般應當認定容易造成一般消費者的混淆，屬於近似外觀設計。」

[28] 經濟部智慧財產局（2005）。第三篇新式樣專利實體審查基準，第三章專利要件，「2.4.3.2.3 以主要設計特徵為重點」

[29] Oddzon Product. Inc., v. Just Toy, Inc122 F.3d 1396 43 U.S.P.Q.2D (BNA) 1641 (Fed. Cir. 1997). ("It is the appearance of a design as a whole which is controlling in determining infringement. There can be no infringement based on the similarity of specific features if the overall appearance of the designs are dissimilar: ...")

[30] Warner-Jenkinson Company v. Hilton Davis Chemical Co., 520 U.s. 17, at 21023 (1997) "Each element contained in a patent claim is deemed material to defining the scope of the patented invention, and thus the doctrine of equivalents must be applied to individual elements of the claim, not to the

invention as a whole."

[31] Hughes Aircraft Company v. United States, 140 F.3e 1470, at 1473 (Fed. Cir. 1998).

[32] Corning Glass Works v. Sumitomo Electric USA, Inc., 868 F.2d 1251 (Fed. Cir. 1989).

[33] The Manual of Patent Examining Procedure 1502 Definition of a Design: ...It is the appearance presented by the article which creates an impression through the eye upon the mind of the observer.

[34] In re Salman, 705 F.2d 1579, 1582, 217 USPQ (BNA) 981, 984 (Fed. Cir. 1983).

[35] 經濟部智慧財產局（2005）。第三篇新式樣專利實體審查基準，第三章專利要件，「2.4.3.2.2 綜合判斷」。

[36] 日本特許廳（2002）。「意匠審查基準」，22.1.3.1 公開意匠與全體意匠之異同判斷：「意匠之異同判斷，……係綜合觀察……意匠全體之共通點及差異點，評估其對於意匠異同判斷的影響。」

[37] 中國北京高級人民法院審判委員會（2003）。關於審理專利侵權糾紛案件若干問題的規定，2003.10.27-29，第24條第2項：「判斷近似外觀設計，應當採取視覺直接觀察、時空隔離對比、重點比較要部、綜合判斷的方法。」

[38] 中國北京高級人民法院審判委員會（2003）。關於審理專利侵權糾紛案件若干問題的規定，2003.10.27-29，第24條第3項：「被控侵權產品和外觀設計專利產品的外觀設計整體近似或者要部相同或者近似的……屬於近似外觀設計。」

[39] 經濟部智慧財產局（2005）。第三篇新式樣專利實體審查基準，第三章專利要件，「2.4.3.2.3 以主要設計特徵為重點」。

[40] 中國北京高級人民法院審判委員會（2003）。關於審理專利侵權糾紛案件若干問題的規定，2003.10.27-29，第24條第4項：「……所稱要部，是指產品外觀上容易引起一般消費者注意的部位。可以結合產品的通常使用狀態、外觀設計的設計要素、美感等因素，綜合確定外觀設計的要部。」

[41] 中國北京高級人民法院審判委員會（2003）。關於審理專利侵權糾紛案件若干問題的規定，2003.10.27-29，第24條第2項：「判斷近似外觀設計，應當採取……重點比較要部……的方法。」

[42] 經濟部智慧財產局（2005）。第三篇新式樣專利實體審查基準，第三章

專利要件，「2.4.3.2.3(2) 視覺正面」。

[43] 日本特許廳（2002）。「意匠審查基準」，22.1.3.1 公開意匠與全體意匠之異同判斷：「意匠之異同判斷，……共通點及差異點對於意匠異同判斷的影響，因個別意匠而有不同，通常有下列：a.容易看見的部分相對影響較大。b.習見形態的部分相對影響較小……」。

[44] 經濟部智慧財產局（2005）。第三篇新式樣專利實體審查基準，第三章專利要件，「2.4.3.2.3(3) 使用狀態下之設計」。

[45] 中國北京高級人民法院審判委員會（2003）。關於審理專利侵權糾紛案件若干問題的規定，2003.10.27-29，第24條第4項：「……所稱要部，是指產品外觀上容易引起一般消費者注意的部位。可以結合產品的通常使用狀態……等因素，綜合確定外觀設計的要部。」

[46] 經濟部智慧財產局（2005）。第三篇新式樣專利實體審查基準，第三章專利要件，「2.4.3.2.4 肉眼直觀、直接或間接比對」。

[47] 中國北京高級人民法院審判委員會（2003）。關於審理專利侵權糾紛案件若干問題的規定，2003.10.27-29，第24條第2項：「判斷近似外觀設計，應當採取視覺直接觀察……的方法。」

[48] 經濟部智慧財產局（2005）。第三篇新式樣專利實體審查基準，第三章專利要件，「2.4.3.2.4 肉眼直觀、直接或間接比對」。

[49] 中國北京高級人民法院審判委員會（2003）。關於審理專利侵權糾紛案件若干問題的規定，2003.10.27-29，第24條第2項：「判斷近似外觀設計，應當採取……時空隔離對比……的方法。」

[50] Council Regulation on Community designs Art.10: "1. The scope of the protection conferred by a Community design shall include any design which does not produce on the informed user a different overall impression. 2. In assessing the scope of protection, the degree of freedom of the designer in developing his design shall be taken into consideration."

[51] Perkin-Elmer Corp. v. Westinghouse Electric Corp., Inc., 822 F.2d 1528 (Fed. Cir. 1987).

[52] Litton System, Inc. v. Whirlpool Corp., 728 F2d 1423, 1444, 221 USPQ97, 109 (Fed. Cir. 1984). ("Similarity of overall appearance is an insufficient basis for a finding of infringement, unless the similarity embraces the point of novelty of the patented design. While it is the design as a whole that is patented, Gorham v. White, the distinction from prior designs informs the court's understanding of the patent.")

53 Gorham Co. v. White, 81 U.S. (14 Wall.) 511 (1871). ("If in the eye of an ordinary observer giving such attention as a purchaser usually gives, two designs are substantially the same, if the resemblance is such as to deceive such an observer, inducing him to purchase one supposing it to be the other, the first one patented is infringed by the other.")

54 Carman Industries, Inc. v. Wahl, No. 83-683, slip, op, at 16 (Fed. Cir. 1983).

55 Sears, Roebuck & Co. v. Talge, 140 F2d 395, 396 (8th Cir. 1983).

56 尹新天（1998）。《專利權的保護》。專利文獻出版社，頁334。

57 程永順（2001）。《專利侵權判定實務》。法律出版社，頁101-124。

58 專利法，第125條第1項第3款。

59 經濟部智慧財產局（2005）。第三篇新式樣專利實體審查基準，第三章專利要件，「2.4.3.2.3 以主要設計特徵為重點」將新穎特徵、視覺正面及使用狀態下之設計併列，作為主要設計特徵。

60 Texas Instruments, Inc. v. United States International Trade Commission, 988 F.2d 1165 (Fed. Cir. 1993).

61 McGrady v. Aspenglas Corporation et al., 487 F.Supp. 859, 208 USPQ 242 (1980).

62 Warner- Jenkinson Co., v. Hilton Davis Chemical Co., 520 U.S. 17 (1997).

63 Festo Corporation v. Shoketsu Kinzoku Kogyo Kabushiki Co., Ltd., et al., 122 S.Ct. 1831, 1833 (2002).

64 Texas Instruments, Inc. v. United States International Trade Commission, 988 F.2d 1165 (Fed. Cir 1993).

65 專利侵害鑑定要點，第60頁(三)1.主張「禁反言」有利於被告，故應由被告負擔舉證責任。

66 尹新天（2005）。《專利權的保護》。知識產權出版社，第2版，頁455。引述美國General Instrument Cop. v. Huges Aircraft Co. 226 U.S.P.Q 289 (1968).

67 中國北京高級人民法院審判委員會（2003）。關於審理專利侵權糾紛案件若干問題的規定，2003.10.27-29，第13條（禁止反悔原則）：

「1.專利申請人或者專利權人在專利授權或者維持程序中，為滿足專利法及其實施細則關於授予專利權的實質性條件的要求，在專利文件中或者通過書面聲明或者記錄在案的陳述等，對專利權保護範圍所作的具有限制作用的任何修改或者意見陳述，對權利人有約束作用，在專利侵權訴訟中禁止反悔。

2.人民法院不應將禁止反悔的技術內容認定為權利要求記載的技術特
徵的等同特徵。但對於在專利授權和／或維持程序中修改過的技術
特徵，在適用禁止反悔原則之後，權利人仍然有權主張對保留的該
技術特徵適用等同原則。」

[68] Festo Corporation v. Shoketsu Kinzoku Kogyo Kabushiki Co., Ltd., et al., 234 F.3d 558 at 586 (Fed.Cir. 2000).

[69] 中國北京高級人民法院審判委員會（2003）。關於審理專利侵權糾紛案件若干問題的規定，2003.10. 27-29，第41條第3項：「被控侵權產品的外觀設計與獲得專利的外觀設計不完全相同，且獲得專利的外觀設計不能顯著區別於公知設計的，人民法院應當認定被控侵權產品沒有落入外觀設計專利保護範圍，被控侵權人不構成專利侵權。」

[70] Streamfeeder, LLC v. Sure-Feed Sys., 175 F.3d 974 (Fed. Cir. 1999). (When the patentee has made a prima facie case of infringement under the doctrine of equivalents, the burden of coming forward with evidence to show that the accused device is in the prior art is upon the accused infringer, not the trial judge.)

[71] 專利法第110條第1項。

[72] Tate Access Floors, Inc. v. Interface Architectural Res., Inc. 279 F.3d 1357, 1366-67 (Fed. Cir. 2002). (Interface cites several doctrine of equivalents cases in an attempt to bolster its "practicing the prior art" defense to literal infringement. They hold that the scope of equivalents may not extend so far as to ensnare prior art. ⋯With respect to literal infringement, these cases are inapposite. The doctrine of equivalents expands the reach of claims beyond their literal language. That this expansion is guided and constrained by the prior art is no surprise, for the doctrine of equivalents is an equitable doctrine and it would not be equitable to allow a patentee to claim a scope of equivalents encompassing material that had been previously disclosed by someone else, or that would have been obvious in light of others' earlier disclosures. But this limit on the equitable extension of literal language provides no warrant for constricting literal language when it is clearly claimed.)

[73] 程永順（2001）。《專利侵權判定實務》。法律出版社，頁101-124。

[74] 中國北京高級人民法院審判委員會（2003）。關於審理專利侵權糾紛案件若干問題的規定，2003.10. 27-29，第40條。

[75] 經濟部智慧財產局（2005）。第三篇新式樣專利實體審查基準，第三章

專利要件，「2.2.1 先前技藝」。

[76] 尹新天（1998）。《專利權的保護》。專利文獻出版社，頁374。

[77] Wilson Sporting Goods Co. v. David Geoffrey & Associates, 904 F.2d 677 (Fed. Cir. 1990).

[78] Streamfeeder, LLC v. Sure-Feed Sys., 175 F.3d 974 (Fed. Cir. 1999). (When the patentee has made a prima facie case of infringement under the doctrine of equivalents, the burden of coming forward with evidence to show that the accused device is in the prior art is upon the accused infringer, not the trial judge.) 被告對於假設性申請專利範圍是否涵蓋先前技術，應負擔舉證責任，提出證據後，專利權人應負擔說服責任，證明該申請專利範圍未涵蓋先前技術。

[79] 尹新天（1998）。《專利權的保護》。專利文獻出版社，頁385。

[80] 尹新天（1998）。《專利權的保護》。專利文獻出版社，頁388。

≪ 第三篇 ≫

設計專利權應用篇

Design
Patent

第 5 章
設計專利化程序

　　智慧財產權的三大領域為：**專利權、商標權、著作權**，其各有不同的保護標的及範圍。就權利的「有效保護」與「穩定程度」兩項指標來說，「專利權」無疑是最佳的保護途徑。知識經濟時代的來臨，迫使企業開始將智慧財產權視為企業競爭的一項利器。Herce（2001）[1]指出，企業運用專利來遂行下列目的：

　　1.協助企業市場決策。
　　2.協助企業建構研發基礎。
　　3.協助企業規劃使用新技術。
　　4.協助企業克服困難的技術領域。
　　5.協助企業進行技術或設備的採購。
　　6.協助企業管理研發成果。
　　7.協助企業達到預定的目標。

　　台灣智慧財產局（Intellectual Property Office of Taiwan, TIPO）[2]指出：台灣在2000年設計專利申請量為9,052件，較1999年增加9%。中國智慧財產局（State Intellectual Property Office of China, SIPO）[3]指出：中國在2000年設計專利申請量為50,120件，較1999年增加25%。Intellectual Property Right（IPR）[4]指出：世界智慧財產組織（World Intellectual Property Organization, WIPO）在2000年受理的國際工業產品外觀設計註冊申請量為4,334件，較1999年增加6%。這些數據顯示，不論從台灣、中國或全球的角度來看，設計專利的申請量均呈現正成長趨勢，設計專利之重要性與日俱增。

　　由於專利申請與保護係採屬地主義，不同國家有不同的專利制度。台灣的專利法承襲美國與日本的地方極多。就專利本質與專利制度而言，台灣專利是具有代表性的。此外，就市場面來看，台灣位居亞太地區樞紐，更是緊鄰世界最具潛力的中國市場。因此，本文將以台灣專利環境進行論述。

5.1 台灣的設計專利

以下茲針對專利種類與特性、設計專利要件、專利申請程序、設計專利的保護範圍等進行說明。

5.1.1 專利種類與特性

台灣專利種類依照專利法[5]劃分為發明專利、新型專利與設計專利三類（請參考**表5-1**）。其中，設計專利的保護標的多為外觀設計。因外觀設計的產品生命週期短、市場需求變化大，因此設計專利保護年限較短。

表5-1　台灣專利種類

專利種類	專利保護標的	專利要件	專利保護年限
發明專利	發明，指利用自然法則之技術思想之創作。（專利法第21條）	產業利用性 新穎性 進步性	20年
新型專利	新型，指利用自然法則之技術思想，對物品之形狀、構造或裝置之創作。（專利法第93條）	產業利用性 新穎性 進步性	10年
設計專利	設計，指對物品之形狀、花紋、色彩或其結合，透過視覺訴求之創作。（專利法第109條第1項）	物品性 新穎性 創作性	12年

5.1.2 設計專利要件

設計專利的取得，首先必須確認該設計是否可被具體描述。較早提出專利申請與具有較高創意的設計，將較有機會獲得設計專利（請參考**圖5-1**）。設計專利必須符合以下三項要件：

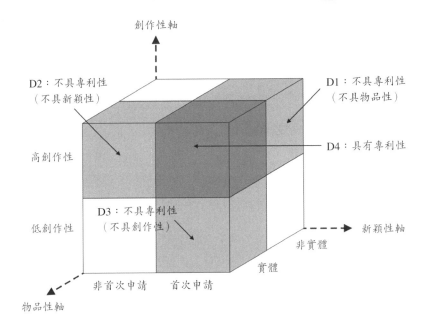

圖5-1　設計專利要件

1. **物品性**：設計創作需為一具體的物品，摒除抽象的、概念的、方法的、程序的等不具體的設計構想。如**圖5-1-D1**，為非實體的創作物品，故不具有物品性。

2. **新穎性**：設計創作需為首創，在申請專利前業已公開者，即宣告喪失新穎性。新穎性為時間軸的相對比較，如**圖5-1-D2**，申請時間較他案延遲，故不具有新穎性。

3. **創作性**：設計創作需具有相當程度的原創性，主要目的在避免「劣幣驅逐良幣」，導致優良設計產品在市場上的空間相對遭到壓縮。創作性為創作程度的相對比較，如**圖5-1-D3**，為創作程度較低的設計，故不具有創作性。

綜觀此三項取得設計專利的要件，僅**圖5-1-D4**同時符合物品性、

新穎性及創作性，故其具有「可專利性」（Patentability），可准予設計專利。

5.1.3 專利申請程序

專利的申請程序影響到專利權的核發與執行。專利權的行使採審查保護主義。一般來說，可分為程序審查及實體審查兩部分。**程序審查**係針對申請人的身分、必要的相關文件等進行審查；**實體審查**則是針對專利要件進行審查。申請案件符合專利要件，則准予專利權；反之，則予以核駁。受核駁處分之專利申請人，可依循再審查（受理單位：智慧財產局）、訴願（受理單位：經濟部）及行政訴訟（受理單位：行政法院）等管道，逐級向上進行權利的行政救濟。

設計專利的保護年限為十二年。然而，此一年限的計算方式乃是該專利自公告日（專利核准後）起算至申請日起十二年屆滿（請參考**圖5-2**）。以目前設計專利的審查情況來說，平均審查時間約需一年左右。而審查中的案件，是沒有專利權的！審查的時間愈長，剩餘的保護年限相對愈短。

圖5-2　設計專利保護年限

5.1.4 設計專利保護

設計專利保護範圍乃與聯合設計專利息息相關，以下乃針對：
(1)聯合設計專利；(2) 設計專利的保護範圍進行介紹。

5.1.4.1 聯合設計專利的概念

專利法第109條第2項：「**聯合設計專利**（United Design Patent, UDP），指同一人因襲其原設計之創作且構成近似者。」聯合設計專利具有以下幾個特性（請參考**圖5-3**）：

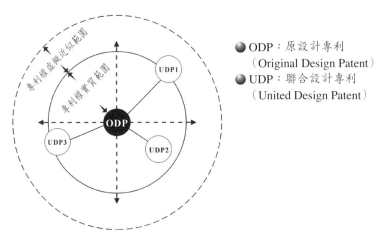

圖5-3　聯合設計專利與原設計專利的相互關係

1. 聯合設計專利需與原設計專利（Original Design Patent, ODP）構成近似。
2. 聯合設計專利無法單獨存在，需伴隨原設計專利而存在或消滅。
3. 不得將聯合設計專利當成原設計專利（不得申請聯合設計專利之聯合設計專利）。

5.1.4.2 設計專利的保護範圍

　　從上述的聯合設計專利概念與專利法第110條第1項第1款，有關設計專利新穎性規定之法旨。已揭櫫設計專利的保護範圍及於設計實體之相同與近似範圍。進一步說，「聯合設計專利」的功能，乃是爲了明確原設計專利範圍而設。故若他人設計落入原設計專利相同或近似範圍，或他人設計落入原設計專利與其聯合設計專利之間，他人設計即宣告侵害原設計專利（請參考**圖5-4**）。

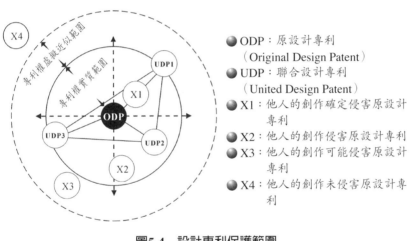

ODP：原設計專利
　　　（Original Design Patent）

UDP：聯合設計專利
　　　（United Design Patent）

X1：他人的創作確定侵害原設計專利

X2：他人的創作侵害原設計專利

X3：他人的創作可能侵害原設計專利

X4：他人的創作未侵害原設計專利

圖5-4　設計專利保護範圍

5.2 系統設計程序

　　設計程序的適當與否在新產品發展上，扮演著關鍵的角色。**系統設計程序**（Systematic Design Process, SDP）不僅主宰設計師從事設計工作時的執行順序，並直接影響人力成本、時間成本與最終產出之設計品質。正因爲設計程序的選用在設計組織中是如此重要，

許多學者乃投身於設計程序的相關研究，期望藉由設計程序的改進，來提升設計的產出與價值。

5.2.1 Archer的設計程序模型

Archer（1984）[6]以思考階段（Thinking Stages）與行動階段（Action Stages）為架構，建立設計程序模型（請參考圖5-5）。其輸入端為簡報（Brief），輸出端則為問題解決（Problem Solving）；其中，主要的步驟包含：

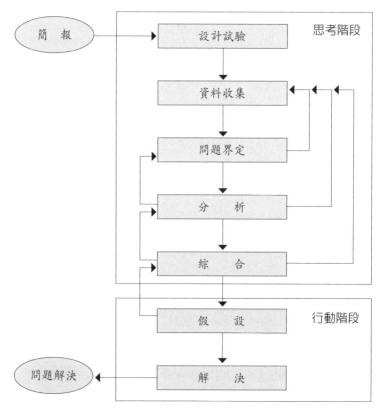

圖5-5　Archer的設計程序模型

1.設計試驗（Design Experiment）。

2.資料收集（Data Collection）。

3.問題界定（Problem Definition）。

4.分析（Analysis）。

5.綜合（Synthesis）。

6.假設（Hypothesis）。

7.解決（Solution）。

5.2.2 Pugh序列式設計程序

在Pugh（1991）[7]的序列式設計程序中，其輸入端爲市場需求（User / Market Needs），輸出端則爲銷售（Sell），請參考**圖5-6**。此一設計程序雖爲一序列，但步驟之間具有可逆的概念，使得相鄰的步驟具有回饋、調整的機制。由於該設計程序已將「製造」納入其中，此舉已間接提供設計程序應與重要企業價值鏈結合的思考觀點。其中，主要的步驟包含：

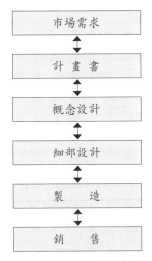

圖5-6　Pugh的設計程序模型

1.計畫書（Specification）。

2.概念設計（Concept Design）。

3.細部設計（Detail Design）。

4.製造（Manufacture）。

5.2.3 Foque設計程序

在Foque（1995）[8]的設計程序中，其輸入端為問題表述（Problem Formulation），而輸出端則為實現（Realization），請參考圖5-7。此一設計程序提供修正（Revision）及適應（Adaptation）兩項可供回饋的步驟。其中，主要的步驟包含：

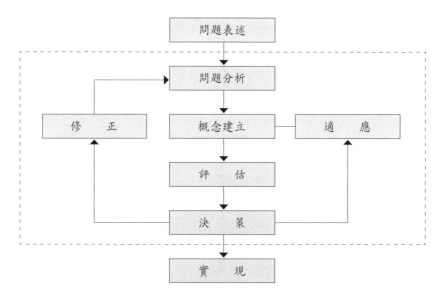

圖5-7　Foque的設計程序模型

1.問題分析（Problem Analysis）。

2.概念建立（Concept Creation）。

3.評估（Assessment）。

4.決策（Decision）。

5.2.4 設計程序的檢討

由Archer、Pugh與Foque等學者所提出的設計程序模型中，可歸納出以下特點：

1.設計程序的輸入端與輸出端將因為設計需求或其他因素而略有差異。但就本質而言，輸入端為問題（Problem），輸出端為解決（Solution），應可視為設計程序的必要步驟。

2.設計程序應同時考慮程序內部重要步驟和程序外部對應機制的銜接與支援。

3.就企業的觀點來看，設計鏈（Design Chain）僅為所有價值活動（企劃鏈、設計鏈、製造鏈、行銷鏈與服務鏈）中的一環。完整的設計程序不應僅考慮設計鏈本身，更應考慮設計價值鏈與其他價值鏈是否能夠順利結合。

整合上述數項觀點，可歸納出系統設計程序（請參考**圖5-8**）。系統設計程序以「問題」為輸入端、「解決」為輸出端，它包含：(1)分析（Analysis）；(2)概念（Concept）；(3)整合（Integration）；(4)評估（Evaluation）；與(5)決策（Decision）等五項步驟。透過回饋箱（Feedback Box, FB）進行不同步驟的回饋。在執行設計程序的各步驟時，每一步驟均需有資訊的支援。為因應各步驟所需的資訊，系統設計程序建構了一個支援性質的「設計資料庫」（Design Database），其內容包含各類期刊、雜誌、展覽會刊物等相關的設計資訊，以提供不同設計步驟的資訊需求。此外，系統設計程序所代表之設計鏈與前一價值鏈－企劃鏈（Previous

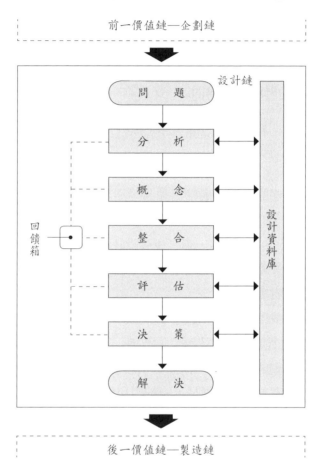

圖5-8 系統設計程序

Value Chain – Planning Chain）、後一價值鏈－製造鏈（Next Value Chain – Manufacturing Chain）相互銜接，以求企業整體價值鏈運作連貫順暢。遺憾的是，系統設計程序雖然具有完整的設計流程，但不能保證設計創作不被抄襲。換言之，系統設計程序是一個可供執行，但卻無法有效保障設計專利的程序。

5.3 設計專利保護機制

　　如何保障設計專利是一個重要課題。採行「**設計專利保護機制**」（Design Patent Protection Mechanism, DPPM）是一個具體有效的方法。設計專利保護機制係由設計專利的三構面（請參考**表5-2**）：(1)專利要件；(2)專利申請程序；(3)專利保護範圍加以建構完成。由主構面導出次構面，再由次構面導出影響設計專利保護機制的重要因素。

表5-2　設計專利三構面與重要因素

主構面	次構面	重要因素
1.專利要件	1a.物品性 1b.新穎性 1c.創作性	• 訴諸於視覺效果的實體外觀設計 • 檢索專利公報與公開刊物上之相同或近似的設計案 • 避免設計成果公開（展示或刊登） • 避免簡易組構 • 避免簡易轉用
2.專利申請流程	2a.專利申請前 2b.專利申請後至專利核准前 2c.專利核准後	• 避免設計成果公開（展示或刊登） • 設計成果公開後，即應監控同業反應 • 持續修改與調整設計範圍 • 持續監控同業反應 • 專利實施或授權
3.專利保護範圍	3a.該設計專利尚未取得聯合設計專利 3b.該設計專利已取得聯合設計專利	• 查詢專利公報的同類設計（專利範圍至少介於兩個獨立專利案之間） • 查詢設計是否落入他人之原設計專利與聯合設計專利之間（若落入即宣告侵權）

　　從**表5-2**所萃取的重要因素中，可以歸納出影響設計專利保護機制的關鍵項目包含：

1.檢索設計專利資料庫（避免落入他人專利權範圍）。

2.提高創作高度（了解現有市場的創作水準）。

3.設定與請求設計專利保護範圍（專利權的實質範圍）。

4.監控同業同類產品設計（未獲取專利權時的權宜措施）。

5.專利實施或授權（已獲取專利權後的策略運用）。

　　據此藉以建構出「設計專利保護機制」（如圖5-9）。設計專利保護機制以專利需求（Patent Needs）為輸入端，專利保護（Patent Protection）為輸出端。其中包含五個關鍵元素（Key Elements）：(1)專利資料庫搜尋（Patent Database Searching）；(2)設計資料庫搜尋（Design Database Searching）；(3)專利範圍請求（Claim）；(4)監控（Monitor）；(5)實施（Enforce）。各關鍵元素

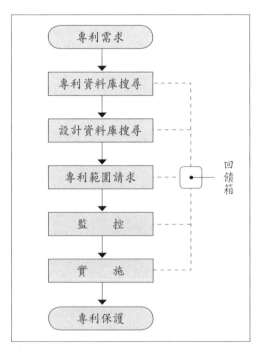

圖5-9　設計專利保護機制

（Key Elements）乃可透過回饋箱（Feedback Box, FB）進行回饋。

　　在設計專利保護機制中，最重要也是最核心的階段為「專利範圍請求」。一般來說，設計師知道如何創作出好作品，但卻不知道如何以專利權保障它。**專利範圍請求**是以專利權的角度，設定設計專利的保護範圍。在設計專利保護機制中，專利範圍請求以前的程序在於避免自己落入他人權利範圍；專利範圍請求以後的程序則在於監控他人設計是否落入自己的專利權範圍，以便進行權利的主張。

5.4 設計專利化程序

5.4.1 整合系統設計程序與設計專利保護機制

　　系統設計程序提供了一個可獨立運作的產品設計開發流程，但美中不足之處，乃是其無法有效的保護設計專利。設計專利保護機制則是提供了一個保護設計專利的具體機制，但卻不具備一般產品設計開發程序。因此，可將設計專利保護機制視為企業或設計師欲取得設計專利與實施設計專利時的重要參考機制，藉以彌補系統設計程序在設計專利保護的不足。為促使系統設計程序與設計專利保護機制能同時獲致設計程序順暢運作與設計專利有效保護之成效，筆者乃進一步整合系統設計程序與設計專利保護機制（請參考**圖5-10**）。

　　整合系統設計程序與設計專利保護機制，對於系統設計程序而言，不會產生程序運作上的困難。企業可側重較具關聯性的步驟或元素（如專利需求、整合、專利範圍請求、監控等），進行資源的投入，將較符合成本效益。系統設計程序與設計專利保護機制之互動關係為：

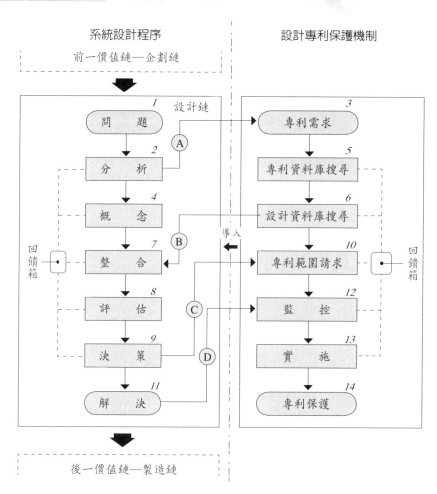

圖5-10　整合系統設計程序與設計專利保護機制

1. 設計案於「分析」步驟後，即需決定是否具有「專利需求」，請參考**圖5-10**之A。

2. 設計案於「整合」步驟前，即需完成「專利資料庫搜尋」與「設計資料庫搜尋」的動作，請參考**圖5-10**之B。

3. 當設計案完成「決策」步驟後，即需進行「專利範圍請求」的動作，請參考**圖5-10**之C。

4.當設計案完成「解決」步驟後，即需進行專利的「監控」與「實施」，請參考**圖5-10**之D。

5.4.2 建構設計專利化程序

　　整合系統設計程序與設計專利保護機制後，該思考的議題是如何產出一個可供實際運作的新設計程序？為了使新設計程序能具備實質的運作與管理能力，本章採用程式評估與技術檢查（Program Evaluation and Review Technique, PERT）的執行概念，進一步發展出設計專利化程序（**圖5-11**）。其中，將系統設計程序各步驟與設計專利保護機制各元素均定義為PERT的事件（Event），而各箭頭則代表PERT所需執行的活動（Activities）。由於設計專利化程序採用PERT的概念，未來將可進行程序語言的撰寫，並開發成設計管理的軟體。此舉將有助設計管理者應用於實務工作上，因此設計專利化程序是一個進步又有效的新設計程序。

　　設計專利化程序的執行順序以「問題」為輸入端，以「專利保護」為輸出端。其中，具體的整併行為包含：(1)將系統設計程序與設計專利保護機制兩者間的路徑加以整併，使執行路徑單純化；(2)採用PERT的概念，定義「事件」與「事件」間應有的「活動」；(3)合併設計資料庫。經由前述整併行為後，所歸納而成設計專利化程序，請參考**圖5-11**。

5.4.3 設計專利化程序的具體成效

　　整合系統設計程序與設計專利保護機制，並採用PERT概念加以整併出的新設計程序——設計專利化程序。在程序的運作上可獲致以下具體成效：

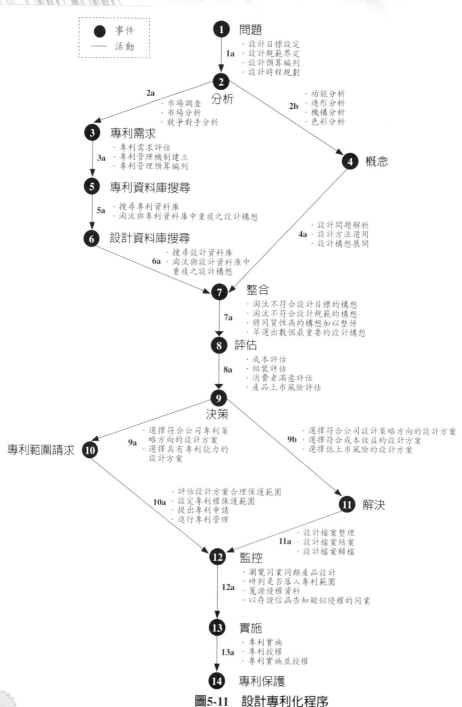

- 事件
—— 活動

1 問題
1a
· 設計目標設定
· 設計規範界定
· 設計預算編列
· 設計時程規劃

2 分析
2a
· 市場調查
· 市場分析
· 競爭對手分析

2b
· 功能分析
· 造形分析
· 機構分析
· 色彩分析

3 專利需求
3a
· 專利需求評估
· 專利管理機制建立
· 專利管理預算編列

4 概念

5 專利資料庫搜尋
5a
· 搜尋專利資料庫
· 淘汰與專利資料庫中重複之設計構想

4a
· 設計問題解析
· 設計方法選用
· 設計構想展開

6 設計資料庫搜尋
6a
· 搜尋設計資料庫
· 淘汰與設計資料庫中重複之設計構想

7 整合
7a
· 淘汰不符合設計目標的構想
· 淘汰不符合設計規範的構想
· 將同質性高的構想加以整併
· 萃選出數個最重要的設計構想

8 評估
8a
· 成本評估
· 組裝評估
· 消費者滿意評估
· 產品上市風險評估

9 決策
9a
· 選擇符合公司專利策略方向的設計方案
· 選擇具有專利能力的設計方案

9b
· 選擇符合公司設計策略方向的設計方案
· 選擇符合成本效益的設計方案
· 選擇低上市風險的設計方案

10 專利範圍請求
10a
· 評估設計方案合理保護範圍
· 設定專利權保護範圍
· 提出專利申請
· 進行專利管理

11 解決
11a
· 設計檔案整理
· 設計檔案結案
· 設計檔案歸檔

12 監控
12a
· 瀏覽同業同類產品設計
· 研判是否落入專利範圍
· 蒐證侵權資料
· 以存證信函告知疑似侵權的同業

13 實施
13a
· 專利實施
· 專利授權
· 專利實施並授權

14 專利保護

圖5-11　設計專利化程序

1.採用設計專利化程序，不但對設計工作不會產生排斥性，而且會增加週延性。

2.在設計程序初期採用設計專利化程序，可避免設計完成後才發現該設計侵害他人專利權，而宣告該設計案失敗。

3.在設計程序初期採用設計專利化程序，可以有效淘汰與他人專利或他人設計重複的設計構想（**圖5-12**）。

4.設計專利化程序可提供企業以專利保護的角度，作為設計案的決策依據。

5.藉由設計專利化程序的運作，可以將抽象的設計價值轉換為具體的法律權力。

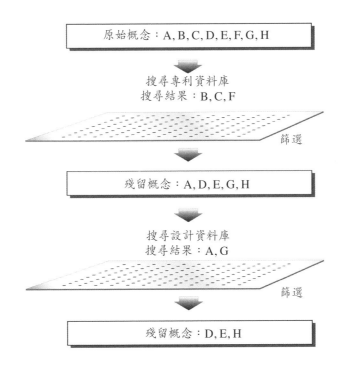

原始概念：A, B, C, D, E, F, G, H

搜尋專利資料庫
搜尋結果：B, C, F

篩選

殘留概念：A, D, E, G, H

搜尋設計資料庫
搜尋結果：A, G

篩選

殘留概念：D, E, H

圖5-12 設計專利化程序的搜尋機制可有效篩選設計構想

5.5 個案研究

　　為了使上述的設計專利化程序能更清楚的被運用在設計工作上。以下將以實際案例——「膠帶台」產品設計案（簡稱T-case）為例進行說明。T-case為Chen[9]以單一鋼材呈彎弧造形的膠帶台設計。T-case案係採設計專利化程序而完成的設計作品，並已取得台灣設計專利權。以下將陳述T-case於設計專利化程序上的運作實例：

步驟1　問題

　　設計專利化程序以**問題**（Problem）為輸入端。首先，設計部門需進行：設計目標設定、設計規範界定、設計預算編列、設計時程規劃（請參考**圖5-11**之1a）。最終，T-case經由設計部門定義出以開發一種「新穎、簡潔、高級」等準則之膠帶台為標的。

步驟2　分析

　　當設計問題已被清楚界定，接下來的步驟為**分析**（Analysis）。設計部門針對外在環境進行：市場調查、市場分析、競爭對手分析（請參考**圖5-11**之2a）。此外，設計部門亦針對實體產品進行：功能分析、造形分析、機構分析、色彩分析（請參考**圖5-11**之2b）。

步驟3　專利需求

　　當進行「分析」步驟後，接下來必須考慮T-case是否具有**專利需求**（Patent Needs），並且針對：專利需求評估、專利管理機制建立、專利管理預算編列（請參考**圖5-11**之3a），進行逐一的審視。在此步驟中，T-case被認定具有明確的專利需求。

步驟4　概念

　　經由"Analysis"步驟所獲致的結果，設計部門認為T-case應朝向：結構最簡化、造型優美化為主要的設計概念。而「板狀」造型可符合此一設計概念的要求。隨著**概念**（Concept）發展，設計工作將朝向：設計問題解析、設計方法選用、設計構想展開（請參考**圖5-11**之4a）等三方向進行，總計發展出九個設計構想。

步驟5　專利資料庫搜尋

　　為了避免T-case落入他人專利範圍（以符合新穎性），故需進行：搜尋專利資料庫、淘汰與專利資料庫中重複之設計構想（請參考**圖5-11**之5a）。搜尋結果經篩選後，僅有五個設計專利案[10,11,12,13,14]與發展中的T-case具有較高的關聯性，並較具有代表性。

步驟6　設計資料庫搜尋

　　為了獲得設計專利，T-case在設計創意上不能低於現存的膠帶台設計（以符合創作性），故需進行：搜尋設計資料庫、淘汰與設計資料庫中重複之設計構想（請參考**圖5-11**之6a）。搜尋結果經篩選後，以Cheng[15]與Brown[16]的膠帶台設計專案與發展中的T-case較具相關性。

步驟7　整合

　　依據**專利資料庫搜尋**（Patent Database Searching）、**設計資料庫搜尋**（Design Database Searching）的搜尋結果，開始進行設計方案的整合（Integration）。在Integration步驟需進行要項為：淘汰不符合設計目標的構想、淘汰不符合設計規範的構想、將同質性高的構想加以整併、萃選出數個最重要設計構想（請參考**圖5-11**之7a）。

步驟8　評估

　　設計部門針對T-case進行綜合性的**評估**（Evaluation），包括：成本評估、組裝評估、消費者滿意評估、產品上市風險評估（請參考**圖5-11**之8a）。

步驟9　決策

　　經過「評估」步驟後，設計部門需進行**決策**（Decision）步驟。「決策」步驟中，設計部門應以專利策略與設計策略兩個軸向進行「決策」的工作。在專利策略部分應考慮：選擇符合公司專利策略方向的設計方案、選擇具有專利能力的設計方案（請參考**圖5-11**之9a）；在設計策略部分應考慮：選擇符合公司設計策略方向的設計方案、選擇符合成本效益的設計方案、選擇低上市風險的設計方案（請參考**圖5-11**之9b）。最終設計案如**圖5-13**所示。

步驟10　專利範圍請求

　　當設計部門已決定最終設計案，即需進行T-case專利保護範圍的設定。其中的工作要項為：評估設計方案合理保護範圍、設定專利權保護範圍、提出專利申請、進行專利管理（請參考**圖5-11**之10a）。為使T-case具有較大且明確的設計專利保護範圍，應將T-case

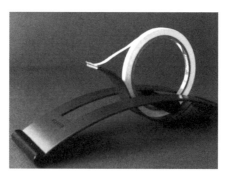

圖5-13　T-case的最終設計方案

進行近似範圍的變更設計。並且以T-case為專利申請的原設計專利
（ODP），同時以UDP1-UDP4為T-case的聯合設計專利案，提出專利
申請，求明確、有效的保護T-case的專利權範圍，請參考**圖5-14**。

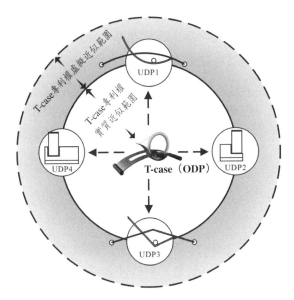

● ODP：原設計專利（Original Design Patent）
● UDP：聯合設計專利（United Design Patent）

圖5-14 完整的T-case專利保護範圍

步驟11 解決

當T-case完成專利申請後，此設計案已告完成。因此可進行
設計檔案整理、設計檔案結案與歸檔（請參考**圖5-11**之11a）。必
要時可進行設計專案成果的檢討會議，以提供下次設計專案的執
行參考。當企業決定自行量產時，設計部門應將設計檔案（包含
T-case的專利文獻）提供至後一價值鏈－製造鏈（Next Value Chain
– Manufacturing Chain），以便進行產品的製造與測試。

步驟12　監控

　　當T-case已向智慧財產局正式提出設計專利申請後至專利核准前，這段時間爲專利保護的空窗期。因此除了持續進行產品的生產準備外，亦應對同業進行**監控**（Monitor）。此步驟應進行瀏覽同業同類產品設計、研判是否落入專利範圍、蒐證侵權資料、以存證信函告知疑侵權的同業（請參考**圖5-11**之12a）。若同業的產品設計落入T-case的專利權請求範圍，則以存證信函告知該同業，以作爲日後舉證的依據。整體來說，未獲得專利權之前，權利的行使是較爲困難的。因此，若非必要，設計案在此一階段仍以保密爲宜。

步驟13　實施

　　當T-case已取得設計專利權之後，接續的程序則是專利權的實施。此步驟應考慮的要項有：專利實施、專利授權、專利實施並授權（請參考**圖5-11**之13a）。專利權究竟應**實施**（Enforce）或授權，應以企業策略的層級加以考量，以獲致最大利益。

步驟14　專利保護

　　經由【步驟1】至【步驟13】，設計部門順利完成T-case的設計工作，並取得設計專利權。實質的意義是：T-case的設計價值將可具體受到設計專利權的保障。

　　從T-case的個案研究中，可歸納出在設計實務中，採用設計專利化程序的實施成效：

　　1.T-case將不致落入他人專利權範圍而造成侵權行爲。

　　2.T-case將具有比同業間更高的創意水準。

　　3.T-case將具有明確的專利保護範圍（ODP／UDP）。

　　4.企業可靈活運用專利策略，以T-case進行專利實施或授權。

5.6 設計專利化程序綜論

　　不同設計程序導出不同設計結果乃眾所周知。長期以來，傳統的設計程序在「問題－解答」的流程基礎上，引領著設計師逐步發展並實現構想。然而，傳統的設計程序僅提供解決設計問題的程序，卻非一種保護設計專利的程序。以企業價值鏈的觀點來看，當企業逐漸由委託代工（OEM）轉型至委託設計（ODM）時，企業運用專利策略來提昇品牌形象或增加附加價值，已成為創新行銷競爭策略之一。同時，當一般企業競爭策略由技術導向轉型為設計導向時，沒有受到專利保護的商品也極易被競爭對手抄襲與模仿；當然，企業競爭優勢就更難維持。保護智慧財產權的觀念，成為主流價值的趨勢於焉而生。

　　採用設計專利化程序可使「設計構想」在初始生成階段，即具有設計專利化所需具備的條件。應用設計專利保護機制，消極的作用在於避免自己的設計侵犯他人的設計專利權；積極的作用則在於企業可建構自己的專利版圖，以強化企業具備更多元化的競爭實力。整合系統設計程序與設計專利保護機制，並發展成設計專利化程序，在企業策略層級的觀點來看，其具備有以下優點：

1.企業可以清楚知悉自己與他人的權利版圖範圍，藉以制定競爭策略。
2.企業可藉由專利的取得，靈活運用專利策略（實施或授權）。
3.設計師的最終設計案具有一個完整、清晰的設計專利保護範圍。
4.設計師在組織中的貢獻將更易量度（Measured）。

採用設計專利化程序雖可獲致上述成效，但假若在設計程序前段就過份重視設計專利保護的問題，亦可能抹煞創意的滋生。因此，建議在「評估」與「決策」的步驟後，再進行「專利範圍請求」的界定，則可兼顧創意與專利保護二者，皆不偏廢。

在知識經濟的世界中，當企業逐漸轉型並以「智慧財產權」為競爭利器時，此一新設計程序提供一個有效創造設計價值與設計專利保護的合理程序，得獲致企業與設計師雙贏的局面！

註 釋

1 Herce, J. L. (2001) "WIPO patent information service for developing countries", World Patent Information 23, 295-308.

2 TIPO (2002) "New design applications, approvals, and rejections", Intellectual Property Office of Taiwan, www.tipo.gov.tw.

3 SIPO (2002) "New design applications, approvals, and rejections", State Intellectual Property Office of China, www.sipo.gov.cn.

4 IPR Record Year for WIPO Trademark and Industrial Designs Applications in 2000 Intellectual Property Right Vol 9. No 14 (2001).

5 Legislation Yuan in Taiwan Taiwan Patent Law (2007).

6 Archer, L. B. (1984) "Systematic method for designers", Developments in Design Methodology (John Wiley and Sons, Chichester), pp.57-82.

7 Pugh, S. (1991) Total Design: Integrated Methods for Successful Product Engineering (Addison Wesley), pp.5-86.

8 Foque, R. (1995) "Designing for patients: a strategy for introducing human scale in hospital design", Design Studies 16, pp.29-49.

9 Chen, R. and Chang, E. (2002) "Tape dispenser design patent", Official Patent Gazette 29(26), 7845-7848.

10 Amrut, A.G. (1995) "Tape dispenser design patent", Official Patent Gazette 22(3), 3011-3013.

11 Sen, Z.S. (1997) "Tape dispenser design patent", Official Patent Gazette 24(11), 4379-4381.

12 Tang, J.C. (1993) "Tape dispenser design patent", Official Patent Gazette 20(15), 2215-2216.

13 Xu, H.W. (1995) "Tape dispenser design patent", Official Patent Gazette 22(19), 3865-3867.

14 Yan, R.B. (1994) "Tape dispenser design patent", Official Patent Gazette 21(23), 1459-1460.

15 Cheng, C. (2002) "Tape dispenser design project–Folle design", Design 106, 22-26.

16 Brown, J. (2003) "Tape dispenser design project–Hannibal", Rexite company, www.rexite.com.

Design Patent

第 6 章
設計專利地圖

6.1 專利應用

世界智慧財產權組織（World Intellectual Property Organization, WIPO）指出，90％至95％的世界相關發明被登載於專利文獻。其中有80％的資料不會呈現於專利文獻以外的其他文獻資料中[1]，這顯示專利文獻的重要性。專利包含許多技術資訊，其獨特性如下：

1.具有可實踐性的技術內容。
2.具有特殊性的技術內容。
3.可視為完整的技術報告。
4.可洞悉企業相關的技術領域。
5.可分析技術發展趨勢。
6.可了解企業的創新實力。

由此可知專利文獻為一重要且龐大的技術資料庫，產品設計與研發人員藉由專利資料的檢索，將可掌握產品最新技術與發展脈絡。

正因為以專利作為企業競爭利器日漸重要，許多跨國企業乃投入龐大的人力與科技資源進行專利申請。以知名企業IBM為例[2]，單2003年一年中，IBM自美國專利商標局取得的專利權數高達3,415件，連續十一年以來，該公司均為美國專利商標局取得最多專利的公司。值得注意的是，高額的專利授權金已逐漸成為企業的重要收益來源，相形之下企業仰賴品牌收益的比例則逐漸下降。「專利」已由原先的科技與法律的課題，進一步轉變為企業競爭的課題。

從產業面來看，企業的轉型脈絡多半由OEM[3]轉型為ODM[4]，再由ODM轉型為OBM[5]。知識經濟的企業是否能繼續依循此一漸進式的轉型模式而獲致成功，將充滿變數。因為，目前的「品牌競爭導

向」已無法滿足企業的需要，企業必須更進一步的提升爲「專利競爭導向」。換句話說，不論是OEM廠商、ODM廠商或OBM廠商，在可見的未來將不再依循傳統循序漸進的轉型模式，而是以跳躍式的方式進行，並以取得專利權的多寡，作爲進一步轉型至掌控專利與市場（Own Patent and Marketing, OPM）[6]的主要依據（如圖6-1所示）。OPM成爲對抗競爭對手、有效壟斷市場的最重要利器，在知識經濟的企業中已漸獲得共識。

　　專利爲一同時具備科技與法律雙重特質的資訊，若能善加利用，不僅可以激勵設計創作，且可避免企業資源重複投資浪費。透過專利檢索與專利分析，企業除了可以深入瞭解本身的專利能力外，還可以進一步評估競爭對手的專利版圖（Patent Territory），藉以制定企業的設計策略。過去，設計策略的制定多半著重於市場面，也就是針對消費者進行各項調查，以作爲制定設計策略的依據。然而，在未來，企業並非依此消極的市場調查就可在競爭市場裡獲得勝出。積極的作法是，如何以強制性及壟斷性的權利，壓制競爭對手，設計專利權的多寡無疑扮演著重要角色。因此，企業有必要迅速有效的建置其所屬產業的設計專利地圖，並進一步依據自身的能力與資源，制定具體可行的設計策略。

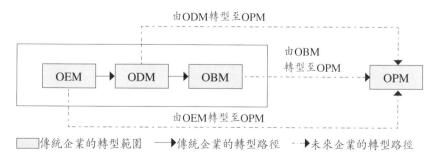

圖6-1　企業的轉型模式

　　當企業欲進入新的事業領域時，必須先行了解該領域的專利情形，而專利地圖即是將複雜的專利資訊視覺化，以提供高階經理人作出正確的研發及設計決策。著名的專利資訊公司Dowon International[7]提出企業建置專利地圖的主要原因如下：

1.了解專利資訊中的新技術趨勢。

2.了解專利中的核心技術。

3.預防專利侵權。

4.獲得客觀的競爭對手資訊。

5.針對專利與技術，提出優勢的策略。

　　綜上所述，**建置專利地圖**的兩項重要意義為：消極的是不使自己的設計落入他人專利範圍而造成侵權行為；積極的是在主動進行專利布局，並形成設計策略，以因應多變的競爭環境。因此，專利地圖乃是一項「進可攻、退可守」的策略工具。

　　專利的種類繁多，如發明專利、設計專利等。其中，發明專利，已有建置專利地圖的相關文獻；然而，設計專利到目前為止卻尚無任何專利地圖的建置實例。當今企業的競爭已逐漸由技術導向轉型為設計導向，因此，企業建置設計專利地圖作為競爭手段，乃勢在必行。

　　設計專利地圖乃是以已核准的設計專利為調查主體。在實務上，設計專利多為外觀造形的保護，因此，設計專利地圖的建置較發明專利更顯困難。原因是發明專利常有客觀的數據可供判斷，例如溫度、應力等客觀數據；但設計專利則多為主觀判斷，例如創意度、近似性等。

　　各先進國家的智慧財產組織，如美國專利商標局（United States Patent and Trademark Office, USPTO）[8]、歐洲專利局（European Patent Office, EPO）[9]及日本專利局（Japan Patent Office, JPO）[10]等，

所公告之設計專利文獻資料，可分成兩大類：

6.1.1 背景描述資料

背景描述資料，又稱**一次資料**，如專利公告號、專利申請日、權利消滅日等描述專利背景的資料。通常一次資料可由各國政府所刊登之專利公報上，明確的被揭露。如**圖6-2**為美國設計專利公報，其所呈現的內容即包含該專利的完整背景描述資料。

6.1.2 技術內容資料

技術內容資料，又稱**二次資料**，即該設計實質的創作保護範圍。通常二次資料乃是經由統整或分析一次資料後所歸納而得。因此，就資料的性質來說，二次資料較為主觀，但也較具有利用價值。而設計專利地圖的建置，則是針對一次資料與二次資料兩者，進行分析與研判。

由於專利權的申請與保護係採屬地主義，依各國專利法規而略有差異。筆者所提出之設計專利地圖建置方法，具有共通性的特質，並不受到不同國家法律的影響。換言之，本章雖以台灣的設計專利為研究案例，但筆者最終所提出的設計專利地圖的建置方法與九種設計策略的建議是跨國性的，適用於美國、歐盟、日本及其他任何國家。

6.2 產業設定

專利文獻提供了豐富的專利技術資料，在建立專利地圖的之前，需要先設定所欲研究的產業類別，由於產業別極多，本章僅針對自行車產業做一實例介紹，有關其他產業的專利地圖建置，讀者

US00D460026S

(12) **United States Design Patent**

Lee

(10) **Patent No.:** **US D460,026 S**

(45) **Date of Patent:** ** **Jul. 9, 2002**

(54) **BICYCLE FRAME**

(75) Inventor: **Tu-Kun Lee**, Chang Hwa Hsien (TW)

(73) Assignee: **Long Sheng International Co., Ltd.** (TW)

(**) Term: **14 Years**

(21) Appl. No.: **29/145,825**

(22) Filed: **Jul. 30, 2001**

(51) **LOC (7) Cl.** **12-11**

(52) **U.S. Cl.** **D12/111**

(58) **Field of Search** D12/111, 117; 280/274–280, 281.1, 282–288, 288.1–288.3; 228/173.4

(56) **References Cited**

U.S. PATENT DOCUMENTS

D405,030 S * 2/1999 Frost et al. D12/111
D411,145 S * 6/1999 Shankin D12/111

* cited by examiner

Primary Examiner—Alan P. Douglas
Assistant Examiner—Linda Brooks
(74) *Attorney, Agent, or Firm*—Jackson Walker L.L.P.

(57) **CLAIM**

The ornamental design for a bicycle frame, as shown and described.

DESCRIPTION

FIG. 1 is a perspective view of a bicycle frame showing my new design;

FIG. 2 is an enlarged front elevational view thereof;

FIG. 3 is an enlarged rear elevational view thereof;

FIG. 4 is an enlarged left side view thereof;

FIG. 5 is an enlarged right side view thereof;

FIG. 6 is an enlarged top plain view thereof;

FIG. 7 is an enlarged bottom plain view thereof; and,

FIG. 8 is a view showing the application thereof, wherein the broken line portion is for illustrative purpose only and forms no part of the claimed design.

1 Claim, 7 Drawing Sheets

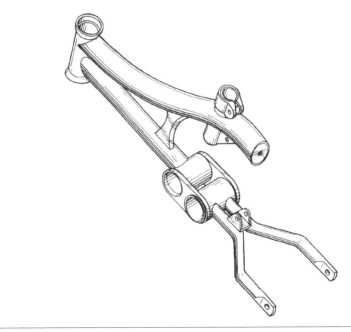

圖6-2 美國設計專利公報所呈現的一次資料

可以實際需要進行建構與調整。

自行車產業乃是台灣的重要出口產業之一，部分自創品牌的公司，如巨大公司（Giant Mfg. Co., Ltd.），其產業規模更躋身全球前五名之列。根據台灣智慧財產局（Taiwan Intellectual Property Office, TIPO）[11]的規定，設計專利的保護年限為十二年。因此，針對1992-2003年間共計十二年間的所有自行車車架（Bicycle Frame）設計專利，作為建置設計專利地圖的實際樣本。

為了精準的判定「技術內容資料」，首先以11位台灣智慧財產局的設計專利審查委員進行專家訪談。受訪的設計專利審查委員佔該局總體設計專利審查委員的91.7%，受訪者的平均設計專利審查年資為10.8年。不論從受訪者人數與受訪者專業程度，均極具有代表性！若企業欲自行建立專利地圖，不見得一定得以專利審查委員為訪談對象，專利師或專利工程師等，均為具有專利資訊整合能力的人員。

專利地圖的建置與應用共分三階段進行（如**圖6-3**所示），分別為：

    1.解析專利資料階段。
    2.建置設計專利地圖階段。
    3.制定設計策略階段。

在解析專利資料階段中，又細分為：決定專利樣本範圍、解析一次資料、以及解析二次資料等三步驟；在建置設計專利地圖階段中，又細分為：建立設計專利的總體分布圖、以及建立設計專利逐年發展趨勢圖等二步驟；在制定設計策略階段中，又細分為：定義專利能力度與專利需求度矩陣、以及選擇對應的設計策略等二步驟。

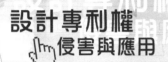

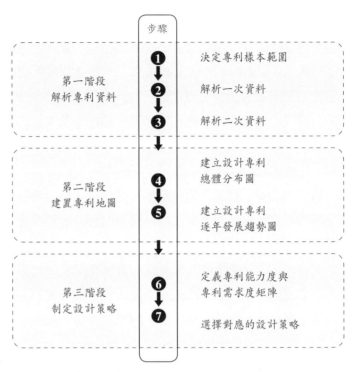

圖6-3 專利地圖的建置與應用三階段

 6.3 解析專利資料

6.3.1 決定專利樣本範圍

自行車車架在國際工業設計專利的分類號[12]（International Industrial Design Patent Classification, IIDPC）為012-011。經專利資料庫的檢索後，樣本選自1992至2003年間所有的自行車車架設計專利，共計96案。

6.3.2 解析一次資料

依據智慧財產局所公布的專利公報，本章共萃取七項重要且可供決策判斷的背景描述資料，分別為：

1.專利公告號。

2.專利申請日。

3.專利公告日。

4.權利人國別。

5.權利人。

6.權利狀態。

7.權利消滅日。

　　表6-1顯示專利樣本的背景描述資料。其中樣本1至86為獨立設計專利[13]，樣本87至96則為聯合設計專利[14]（例如：樣本87、樣本88、樣本89、樣本90、以及樣本91乃是樣本13的聯合設計專利）。

　　進一步解析**表6-1**的資料，可歸納出下列幾項可供判斷的數據，企業可由這些資料，略見自行車車架設計專利的發展脈絡與狀態。

1.自行車車架設計專利的平均審查天數為367天。

2.自行車車架設計專利的平均存活天數為1,100天。

3.自行車車架設計專利的存活比率為19.8%。

4.權利人國別前三名分別為台灣（佔90.6%）、美國（佔6.3%）、日本（佔3.1%）。

5.權利人公司前三名分別為：巨隆實業股份有限公司、財團法人工業技術研究院與臻錄貿易有限公司。

表6-1 專利樣本的背景描述資料

No.	專利公告號	專利申請日期	專利公告日期	權利人國別	權利人	權利狀態	權利消滅日	資料來源
1	229047	1993/9/11	1994/8/21	台灣	永輪工業股份有限公司	消滅	1999/8/21	15
2	230087	1994/1/14	1994/9/1	台灣	豐田電機股份有限公司	消滅	1999/9/1	16
3	230676	1994/1/14	1994/9/11	台灣	豐田電機股份有限公司	消滅	1999/9/11	17
4	230677	1994/2/14	1994/9/11	台灣	林坤池	存續	-	18
5	226902	1994/2/18	1994/7/11	台灣	林宗杰	消滅	1996/7/11	19
6	242055	1994/4/18	1995/2/21	台灣	陸野自行車股份有限公司	消滅	1998/2/21	20
7	245530	1994/5/18	1995/4/11	台灣	財團法人工業技術研究院	存續	-	21
8	238126	1994/6/30	1995/1/1	台灣	名亙茂企業有限公司	存續	-	22
9	244202	1994/9/3	1995/3/21	台灣	郁琤實業股份有限公司	存續	-	23
10	244756	1994/10/13	1995/4/1	台灣	美利達工業股份有限公司	消滅	2000/4/1	24
11	286952	1994/10/17	1996/9/21	台灣	財團法人工業技術研究院	消滅	2002/9/21	25
12	281492	1994/10/17	1996/7/11	台灣	財團法人工業技術研究院	消滅	2002/7/11	26
13	245531	1994/11/4	1995/4/11	台灣	賴燕膜	消滅	2002/4/11	27
14	248441	1994/12/30	1995/5/21	台灣	美利達工業股份有限公司	消滅	2000/5/21	28
15	251911	1995/2/13	1995/7/11	台灣	黃怡仁	消滅	2000/7/11	29
16	285507	1995/4/24	1996/9/1	日本	山葉發動機股份有限公司	消滅	2002/9/1	30
17	256544	1995/4/24	1995/9/1	日本	山葉發動機股份有限公司	消滅	2002/9/1	31
18	270782	1995/5/26	1996/2/11	台灣	一心工業有限公司	消滅	1997/2/11	32
19	291315	1995/6/19	1996/11/11	台灣	財團法人工業技術研究院	消滅	2002/11/11	33
20	284513	1995/7/12	1996/8/21	台灣	巨隆實業股份有限公司	消滅	2000/8/21	34
21	268760	1995/7/20	1996/1/11	台灣	郁琤實業股份有限公司	消滅	2000/1/11	35
22	273412	1995/8/30	1996/3/21	美國	GT腳踏車加州公司	消滅	2001/3/21	36
23	282994	1995/11/10	1996/8/1	台灣	巨隆實業股份有限公司	消滅	2001/8/1	37
24	291316	1995/11/17	1996/11/11	台灣	賴燕膜	消滅	1998/11/11	38
25	297650	1996/2/16	1997/2/1	台灣	金惠祥貿易股份有限公司	消滅	2002/2/1	39
26	287818	1996/3/22	1996/10/1	台灣	郁琤實業股份有限公司	消滅	1996/10/1	40

(續) 表6-1 專利樣本的背景描述資料

No.	專利公告號	專利申請日期	專利公告日期	權利人國別	權利人	權利狀態	權利消滅日	資料來源
27	292104	1996/6/14	1996/11/21	台灣	野寶自行車工業股份有限公司	消滅	1998/11/21	41
28	328010	1996/6/28	1998/3/1	台灣	鑫蟲車業股份有限公司	消滅	2000/3/1	42
29	316128	1996/7/27	1997/9/11	台灣	耐特複合材料股份有限公司	消滅	2000/9/11	43
30	315192	1996/8/21	1997/9/1	台灣	巨隆實業股份有限公司	消滅	2000/9/1	44
31	304740	1996/10/21	1997/5/1	台灣	巨大機械工業股份有限公司	存續	-	45
32	358670	1996/11/22	1999/5/11	美國	佳能德爾有限公司	消滅	2001/5/11	46
33	316129	1996/11/22	1997/9/11	美國	佳能德爾有限公司	消滅	2002/9/11	47
34	305629	1996/11/29	1997/5/11	台灣	胡俊明	存續	-	48
35	305630	1996/11/29	1997/5/11	台灣	胡俊明	消滅	2002/5/11	49
36	314373	1996/12/3	1997/8/21	台灣	葛瑞斯工業股份有限公司	消滅	2000/8/21	50
37	300764	1996/12/11	1997/3/11	台灣	全昌股份有限公司	消滅	1998/3/11	51
38	305631	1996/12/13	1997/5/11	台灣	游志旺、游志勇	消滅	2001/5/11	52
39	304741	1996/12/13	1997/5/1	台灣	游志旺、游志勇	消滅	2001/5/1	53
40	306784	1997/1/16	1997/5/21	台灣	游志旺、游志勇	消滅	2001/5/21	54
41	309300	1997/2/3	1997/6/21	台灣	巨大機械工業股份有限公司	存續	-	55
42	308469	1997/3/6	1997/6/11	台灣	游志旺、游志勇	消滅	1999/6/11	56
43	310992	1997/3/18	1997/7/11	台灣	全昌股份有限公司	消滅	1997/7/11	57
44	316130	1997/4/12	1997/9/11	台灣	張倉浚	消滅	2002/9/11	58
45	316131	1997/4/12	1997/9/11	台灣	張倉浚	消滅	2002/9/11	59
46	315193	1997/4/9	1997/9/1	台灣	胡俊明	消滅	2000/9/1	60
47	310176	1997/4/29	1997/7/1	台灣	野寶自行車工業股份有限公司	消滅	2002/7/1	61
48	325969	1997/5/20	1998/1/21	台灣	全昌股份有限公司	消滅	1998/1/21	62
49	368335	1997/7/2	1999/8/21	台灣	胡俊明	消滅	2002/8/21	63
50	368336	1997/7/2	1999/8/21	台灣	胡俊明	消滅	2002/8/21	64
51	334267	1997/9/10	1998/6/11	台灣	巨隆實業股份有限公司	消滅	1999/6/11	65
52	344573	1997/10/18	1998/11/1	台灣	百儞斯國際有限公司	消滅	2002/11/1	66

(續) 表6-1 專利樣本的背景描述資料

No.	專利公告號	專利申請日期	專利公告日期	權利人國別	權利人	權利狀態	權利消滅日	資料來源
53	386735	1998/2/27	2000/4/1	台灣	臻臻貿易有限公司	消滅	2001/4/1	67
54	379985	1998/9/2	2000/1/11	台灣	臻臻貿易有限公司	消滅	2002/1/11	68
55	385996	1998/10/22	2000/3/21	台灣	賴宗森	消滅	2000/3/21	69
56	385169	1998/11/20	2000/3/11	台灣	臻臻貿易有限公司	消滅	2002/3/11	70
57	389555	1998/11/20	2000/5/1	台灣	臻臻貿易有限公司	消滅	2000/5/1	71
58	412232	1998/11/20	2000/11/11	台灣	佳達車業股份有限公司	消滅	2000/11/11	72
59	386739	1998/12/9	2000/4/1	台灣	振詠實業股份有限公司	存續	-	73
60	386740	1998/12/9	2000/4/1	台灣	振詠實業股份有限公司	消滅	2001/4/1	74
61	407941	1998/11/4	2000/10/1	台灣	賴燕臙	消滅	2000/10/1	75
62	421471	1999/5/26	2001/2/1	美國	威貴斯公司	存續	-	76
63	397452	1999/3/23	2000/7/1	台灣	林永村	消滅	2002/7/1	77
64	395806	1999/4/29	2000/6/21	台灣	佑新工業有限公司	消滅	2001/6/21	78
65	405909	1999/6/3	2000/9/11	台灣	胡俊明	消滅	2000/9/11	79
66	405910	1999/6/30	2000/9/11	台灣	賴燕臙	消滅	2000/9/11	80
67	433807	1999/7/16	2001/5/1	台灣	佳達車業股份有限公司	消滅	2001/5/1	81
68	415772	1999/7/30	2000/12/11	台灣	游振毓	消滅	2000/12/11	82
69	421472	1999/9/14	2001/2/1	台灣	胡俊明	消滅	2001/2/1	83
70	429009	1999/9/22	2001/4/1	台灣	黃文鋌	消滅	2001/4/1	84
71	440224	1999/12/1	2001/6/7	台灣	游布倡	消滅	2002/6/7	85
72	440225	1999/12/1	2001/6/7	台灣	游布倡	消滅	2002/6/7	86
73	436067	2000/2/2	2001/5/16	台灣	葉明信	存續	-	87
74	456908	1999/3/24	2001/9/24	台灣	游志旺、游志勇	消滅	2001/9/24	88
75	460184	2000/12/13	2001/10/11	台灣	賴燕臙	消滅	2001/10/11	89
76	497877	1999/5/26	2002/8/1	美國	威貴斯公司	存續	-	90
77	465996	2001/1/12	2001/11/21	台灣	蔡榮展	消滅	2001/11/21	91
78	478822	2001/5/4	2002/3/1	台灣	陳曾賢、陳纘鴻	存續	-	92

(續) 表6-1 專利樣本的背景描述資料

No.	專利公告號	專利申請日期	專利公告日期	權利人國別	權利人	權利狀態	權利消滅日	資料來源
79	477592	2001/5/7	2002/2/21	台灣	林嘉慶	存續	-	93
80	484880	2001/5/11	2002/4/21	台灣	游志旺、游志勇	消滅	2002/4/21	94
81	484883	2001/5/25	2002/4/21	台灣	鍾建興	消滅	2002/4/21	95
82	484889	2001/7/16	2002/4/21	台灣	隆盛國際股份有限公司	存續	-	96
83	509488	2001/8/1	2002/11/1	日本、荷蘭	日星技術股份有限公司、聯合日星公司	存續	-	97
84	505422	2001/8/29	2002/10/1	台灣	建美車業有限公司	存續	-	98
85	510758	2001/12/14	2002/11/11	台灣	昌燁國際股份有限公司	存續	-	99
86	520191	2001/12/28	2003/2/1	台灣	蕭博仁	存續	-	100
87 (13a)	249648	1994/12/9	1995/6/11	台灣	賴燕暾	消滅	2002/4/11	101
88 (13b)	249649	1995/1/20	1995/6/11	台灣	賴燕暾	消滅	2002/4/11	102
89 (13c)	261383	1995/5/19	1995/10/21	台灣	賴燕暾	消滅	2002/4/11	103
90 (13d)	311825	1996/8/23	1997/7/21	台灣	賴燕暾	消滅	2002/4/11	104
91 (13e)	380889	1999/3/17	2000/1/21	台灣	賴燕暾	消滅	2002/4/11	105
92 (24a)	314372	1996/10/18	1997/8/21	台灣	賴燕暾	消滅	1998/11/11	106
93 (28a)	347234	1998/5/7	1998/12/1	台灣	鑫蘆車業股份有限公司	消滅	2000/3/1	107
94 (39a)	364789	1998/10/20	1999/7/11	台灣	游志旺、游志勇	消滅	2001/5/1	108
95 (46a)	360472	1997/9/30	1999/6/1	台灣	胡俊明	消滅	2000/9/1	109
96 (62a)	429008	1999/5/26	2001/4/1	美國	威費斯公司	存續	-	110

6.3.3 解析二次資料

　　為了進一步將一次資料轉換成二次資料，續將96個專利樣本製成圖卡，該圖卡僅顯示自行車車架設計專利的編號與外型圖（如圖6-4所示），除此之外，不提供其他任何相關文字資訊。接著，藉由設計專利審查委員的審查經驗，進行專利樣本「類似性」的分群，群數不限。

　　當設計專利審查委員將圖卡進行分群之後，進一步將分群的結果整理如表6-2所示。表6-2顯示設計專利審查委員針對專利樣本分群後的結果。例如，在比對專利樣本1與專利樣本2的類似性時，全體11位設計專利審查委員裡，有7位認為其設計並不類似。

　　為分析上述結果，並找出專利樣本彼此之間的「距離關係」，續以SPSS軟體進行統計，統計方法則採用多次元尺度法（Multi-Dimensional Scale, MDS）。透過MDS的分析，可以獲致96個專利樣本在不同維度中的分布情形。表6-3顯示，96個專利樣本在2至6的維度（Dimensional）中之壓力係數（Stress）與判定係數（RSQ）。由於專利地圖的建置目的乃為了便於解釋專利分布情形，並據此制定設計策略。因此，雖然專利樣本在2D時的壓力係數略為偏大。但由於2D所呈現的專利分布圖在視覺上最易判讀，因而最後決定採用2D來表現專利樣本的分布狀態。

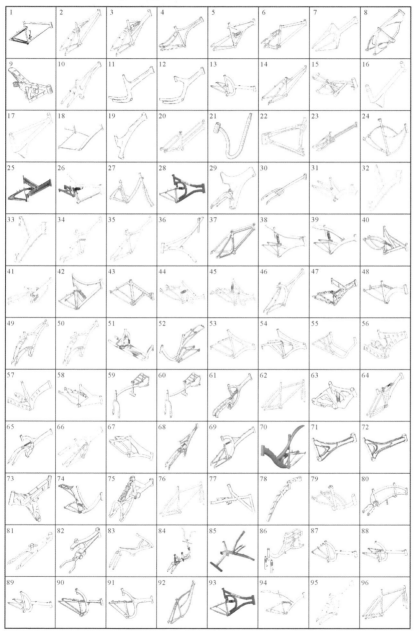

圖6-4 專利樣本圖卡

表6-2 專利樣本的相異矩陣表

（續）表6-2　專利樣本的相異矩陣表

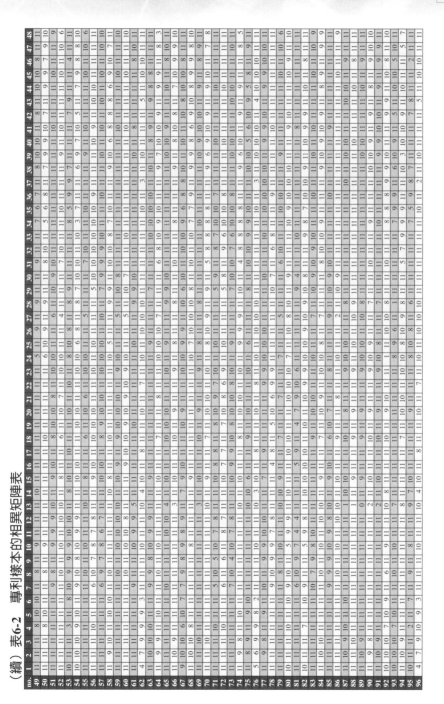

（續）表6-2　專利樣本的相異矩陣表

（續）表6-2 專利樣本的相異矩陣表

no.	49	50	51	52	53	54	55	56	57	58	59	60	61	62	63	64	65	66	67	68	69	70	71	72	73	74	75	76	77	78	79	80	81	82	83	84	85	86	87	88	89	90	91	92	93	94	95	96
49	0	3	11	11	8	9	11	11	10	11	11	11	11	11	11	10	11	10	11	10	11	11	11	11	10	10	11	10	11	10	10	7	11	9	10	11	11	11	11	11	11	6	9	10	8	11		
50	3	0	11	11	8	9	11	11	11	11	11	11	11	11	11	11	11	11	11	11	11	11	11	11	11	11	11	10	11	10	11	8	11	10	10	11	11	11	11	11	11	7	9	9	8	11		
51	11	11	0	6	11	11	6	9	7	11	7	9	9	11	10	9	10	11	11	11	11	11	11	11	11	11	11	6	8	9	8	9	8	7	6	11	10	11	11	11	10	11	11	11	11	11		
52	11	11	6	0	11	11	1	10	9	10	9	11	11	11	6	11	11	11	11	11	11	8	10	11	11	11	11	3	10	11	10	7	7	6	11	11	10	11	10	11	11	11	10	11	11	11		
53	8	8	11	11	0	7	11	9	10	10	11	10	11	11	11	5	9	11	11	9	9	10	11	10	11	11	9	11	8	11	9	9	11	11	9	8	11	4	10										
54	9	7	11	11	7	0	11	8	9	6	11	11	8	11	11	11	6	9	7	8	10	7	8	8	8	9	8	11	11	11	11	11	11	11	11	11	10	10	10	10	8	9	11					
55	11	11	6	1	11	11	0	9	9	11	9	10	10	11	6	11	11	11	11	10	11	8	11	10	11	11	11	11	3	11	11	8	8	7	11	9	11	9	11	11	11	11	10	11				
56	11	11	9	10	9	8	9	0	4	6	11	11	6	11	11	5	8	11	9	5	9	5	10	9	10	9	10	11	10	9	9	8	9	8	9	8	11	11	10	10	11	11	11	11				
57	11	11	7	9	10	9	4	0	10	11	10	11	11	8	11	11	5	8	11	9	8	9	5	10	11	11	11	9	9	8	10	9	11	9	11	11	11	11	11	11	11	11						
58	10	9	11	10	10	6	10	10	10	0	11	11	11	7	8	11	9	10	7	10	6	10	10	10	8	3	10	10	11	11	11	11	10	10	11	10	10	9	9	10	11							
59	11	11	7	9	11	11	9	11	10	11	0	2	11	10	11	11	11	11	11	9	11	11	11	10	11	11	9	8	10	9	6	9	10	4	11	10	11	11	11	11	11	11						
60	11	11	9	11	11	11	10	11	11	11	2	0	11	11	11	11	11	11	11	11	10	11	11	11	11	10	11	8	9	9	6	8	10	4	11	11	11	11	11	11	11	10						
61	11	11	9	11	11	10	11	9	11	11	11	11	0	11	10	11	1	5	11	9	3	11	11	11	11	11	11	11	11	9	10	11	6	11	5	4	5	5	4	11	8	9	11					
62	11	11	11	11	11	11	11	11	11	11	11	11	11	0	11	9	11	11	11	11	11	11	11	11	11	11	11	11	11	11	11	11	11	11	11	11	11	9	10	9	9	0						
63	10	10	10	6	11	11	6	11	8	7	11	11	10	11	0	11	11	8	7	11	8	8	8	9	7	11	10	11	11	9	11	9	7	10	11	11	11	11										
64	11	9	9	6	11	6	11	10	11	11	11	11	11	11	11	5	11	11	11	5	8	11	11	11	7	11	7	11	9	11	11	11																
65	11	11	10	11	11	6	11	10	10	11	11	11	1	10	11	0	4	11	9	2	11	11	11	11	9	11	11	11	11	11	11	11	4	3	4	3	11	9	9	11								
66	11	11	11	11	11	9	11	11	11	5	11	11	5	11	9	4	0	11	9	2	11	11	11	11	8	11	11	3	3	3	1	2	11	7	8	9												
67	10	11	11	11	5	7	11	5	8	10	11	11	11	11	9	11	11	0	9	11	10	5	6	7	10	11	9	11	11	9	10	11	9	10	11	11	10	11	7	9								
68	10	8	11	10	9	8	10	11	11	7	9	11	9	11	7	9	9	9	0	9	11	9	11	9	11	6	11	9	11	11	11	11	11	3	2	3	2	11	7	9								
69	11	11	11	11	9	10	11	5	8	10	9	10	3	11	11	2	2	11	9	0	11	11	11	11	11	11	11	11	11	3	2	3	2	1	11	7	9	11										
70	10	9	10	8	11	7	8	9	9	6	11	11	8	6	11	9	10	7	10	0	10	10	9	3	6	11	11	10	10	10	10	11	11	11	5	11	11											
71	11	11	11	11	9	8	11	11	8	11	11	11	11	11	5	9	11	10	0	1	4	10	11	10	11	9	11	11	11	9	11	11	11	11	11	11												
72	11	11	11	11	9	8	11	10	5	10	11	11	11	11	6	11	10	6	11	11	11	1	0	5	10	11	9	11	9	11	11	8	9	11	9	11	11	10	10	11	11	11						
73	11	11	11	11	11	8	11	9	10	11	11	11	11	11	7	10	11	7	9	11	11	9	5	0	9	9	11	9	11	11	7	11	11	11	11	11	11	11	11	11	11	11						
74	10	10	11	11	8	8	11	9	9	8	10	11	11	11	11	5	9	10	3	10	11	3	10	9	0	10	11	8	9	11	10	8	11	9	10	9	10	9	11	5	11							
75	11	11	11	11	9	9	11	10	11	3	11	10	11	11	10	11	9	11	6	11	11	6	11	9	10	0	9	11	11	11	11	11	11	11	11	11	11	11	11	11	1							
76	11	11	11	11	11	11	11	10	10	11	11	11	11	11	11	11	11	9	11	11	11	11	9	11	11	9	0	9	11	11	9	11	11	11	11	11	11	11	11	11	11	11						
77	10	10	11	11	9	8	11	10	11	11	11	11	11	11	11	9	11	11	11	10	10	9	11	9	0	9	11	11	11	11	11	11	11	11	11	11												
78	11	11	11	11	8	11	11	9	9	11	8	9	9	11	11	11	8	9	11	11	9	11	11	0	11	11	11	11	11	11	11	11	11	11														
79	10	10	6	3	11	11	3	10	9	11	9	11	11	11	7	11	11	10	11	8	11	11	11	11	11	10	11	11	0	10	11	11	11	11	11	11												
80	7	9	8	10	11	11	9	9	9	11	10	10	11	11	10	11	11	9	11	11	9	11	8	11	8	11	9	11	11	10	0	9	6	9	8	11	8	10	10									
81	11	8	9	9	11	11	10	11	9	11	6	9	10	11	11	10	11	11	9	8	8	9	9	11	9	0	8	11	9	11	11	11	11	11	11												
82	9	9	8	7	11	11	8	9	11	10	9	10	6	11	7	4	11	9	11	11	11	11	9	7	11	10	11	11	11	11	6	8	0	9	11	11	11	11	11	11	10	9	11	7	10			
83	10	10	7	6	11	11	7	8	9	10	4	4	11	11	10	3	3	10	3	1	11	11	11	11	9	11	11	11	11	11	9	11	9	0	6	9	9	11	11	11	11	11						
84	11	10	8	7	11	11	6	8	11	11	10	10	7	10	8	9	10	7	11	11	8	11	11	11	8	11	11	6	0	6	9	9	9	11	10	11	11											
85	11	11	7	7	11	8	8	8	11	10	11	11	11	10	11	10	10	11	11	11	11	9	11	11	9	11	11	11	6	0	6	6	6	11	11	11	11											
86	11	11	6	6	11	11	7	10	9	11	4	4	11	11	11	11	9	11	11	9	11	11	11	7	11	11	6	6	6	0	2	1	2	2	9	7	8	9										
87	11	11	10	10	11	10	9	11	11	10	11	11	4	3	11	3	3	10	3	2	3	11	11	11	11	9	11	9	9	2	1	0	1	2	3	3	11	8	9	9								
88	11	11	10	10	11	11	11	11	11	4	11	11	4	11	11	4	1	11	2	3	2	11	11	11	11	11	11	11	9	2	2	1	0	3	11	8	9	9										
89	11	11	11	11	11	10	9	10	11	9	11	11	5	9	11	3	2	10	3	1	11	11	10	11	9	11	11	11	1	1	2	2	1	0	2	11	9	9										
90	11	11	11	11	11	9	11	11	11	4	11	11	4	9	11	4	3	10	2	1	11	11	10	11	11	11	11	2	3	3	3	3	3	2	0	11	9	9										
91	11	11	11	11	11	9	11	11	11	11	11	11	4	11	11	3	2	11	11	11	11	11	11	11	11	2	7	8	7	6	6	6	8	0	9	9												
92	6	7	10	10	9	9	11	11	11	9	11	11	8	9	10	8	9	11	7	8	7	11	10	11	8	11	11	7	8	11	8	8	7	9	7	7	6	6	6	0	8	5	9					
93	9	9	11	11	8	11	10	11	11	9	11	11	9	10	11	9	9	7	9	9	9	11	10	11	9	11	11	9	9	11	10	9	9	11	9	7	6	6	6	8	0	5	10					
94	10	9	11	11	11	9	9	11	11	10	11	11	11	9	11	9	9	7	9	8	11	9	11	5	11	11	11	11	11	11	10	10	9	11	9	8	5	5	5	8	0	11	10					
95	8	8	11	11	4	8	11	11	11	9	11	11	8	9	9	9	9	9	7	9	7	9	9	11	5	11	11	11	11	11	11	11	9	9	9	9	9	9	9	5	5	11	0	9				
96	11	11	11	11	11	11	11	11	11	11	11	10	11	0	11	11	11	9	7	9	11	11	11	11	11	11	11	11	11	11	11	11	10	11	11	11	10	10	10	9	10	9	0					

表6-3　專利樣本在不同維度之壓力係數

維度（Dimension）	壓力係數（Stress）	判定係數（RSQ）
2	0.33423	0.41587
3	0.23394	0.55464
4	0.17002	0.67662
5	0.13024	0.77037
6	0.10488	0.82471

 6.4 建置設計專利地圖

　　本節分別針對：(1)建立設計專利的總體分布圖；(2)建立設計專利逐年發展趨勢圖進行詳細介紹。企業的高階管理者將可藉由「專利總體分布圖」及「專利逐年發展趨勢圖」的建置，加以分析該產業的專利分布狀態。

 6.4.1 建立設計專利的總體分布圖

　　依據多次元尺度法的分析結果，可將96個專利樣本以平面座標（2D Coordinate）的方式加以呈現。**圖6-5**顯示設計專利的分布狀況與對應的座標值。依照其分布狀況，可將專利樣本歸納為8個主要的類群（Cluster），即A群至H群。同心圓表示某企業取得的設計專利與聯合設計專利所共同虛擬出的專利權範圍（例如：A群中，設計專利樣本13共取得了5個聯合設計專利，分別為樣本87、樣本88、樣本89、樣本90及樣本91，這6個專利即形成了一個虛擬的專利權範圍）。

　　從**圖6-5**中，可以歸納幾個重要的現象：

1.由設計專利（樣本1-86）及聯合設計專利（樣本87-96）的分布，可看出A群與D群為自行車車架產業的兵家必爭之地，此

1992-2003　自行車車架設計專利

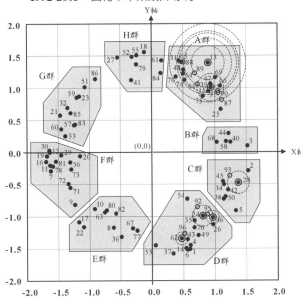

編號	X軸	Y軸	編號	X軸	Y軸
1	0.60	-1.51	49	0.73	-1.29
2	1.53	-0.29	50	1.16	-0.69
3	1.52	0.10	51	-1.08	1.02
4	0.61	-1.44	52	-0.31	1.49
5	1.33	-0.91	53	0.06	-1.44
6	0.56	-1.52	54	0.56	-0.73
7	-1.62	-0.29	55	-0.24	1.51
8	-0.62	-1.17	56	-1.31	-0.16
9	-1.23	-0.81	57	-1.24	0.43
10	-0.91	-0.89	58	1.18	0.16
11	-1.63	-0.20	59	-1.21	0.85
12	-1.63	0.00	60	-1.45	0.36
13	0.89	1.39	61	0.16	1.42
14	0.54	-1.50	62	0.47	-1.34
15	0.90	0.95	63	-0.76	-0.94
16	-1.70	-0.14	64	0.50	1.22
17	-1.17	-1.09	65	0.48	1.40
18	-0.12	1.56	66	1.09	1.03
19	-1.68	-0.06	67	-0.30	-1.18
20	-1.15	-0.06	68	1.03	0.16
21	-1.46	0.57	69	1.00	1.17
22	-1.10	-1.16	70	0.39	1.18
23	-1.16	0.88	71	-1.31	-0.55
24	0.81	-0.99	72	-1.34	-0.49
25	1.10	0.67	73	-1.30	-0.26
26	0.96	-1.12	74	0.52	1.13
27	-0.54	1.47	75	0.81	0.87
28	1.37	-0.48	76	0.67	-1.18
29	-1.46	-0.05	77	-0.23	-1.22
30	-1.64	0.02	78	-1.59	-0.22
31	0.43	1.43	79	-0.25	1.37
32	-1.35	0.69	80	-0.73	-0.91
33	0.39	0.25	81	-1.54	-0.16
34	-1.14	-0.51	82	-0.57	-0.96
35	0.68	-1.07	83	-1.23	0.43
36	-0.48	-1.32	84	0.14	1.23
37	0.33	-1.58	85	-1.30	0.62
38	1.14	-0.73	86	-0.90	1.13
39	0.94	1.01	87	1.11	0.79
40	1.24	0.16	88	0.52	1.40
41	-0.33	1.12	89	0.69	1.24
42	1.21	-0.59	90	1.06	0.92
43	0.56	-1.36	91	1.04	0.95
44	1.21	0.29	92	0.72	-0.84
45	1.12	-0.46	93	1.24	-0.36
46	0.96	-1.02	94	0.72	1.06
47	0.93	1.07	95	0.89	-0.96
48	0.51	1.29	96	0.51	-1.25

● 設計專利
○ 聯合設計專利
◉ 聯合設計專利之母案（原設計專利）

圖6-5　設計專利的總體分布圖

　　區的設計專利數量龐大，且密度極高。

2. 由專利數量及疏密度來看，B群、E群、G群、H群等由於專利分布的密度較低，企業於此群中的專利競爭壓力較小，專利權範圍亦較爲明確。

3. 進一步分析，可將A群至H群歸納爲三大類，分別爲：避震器類（A群、B群、C群）、主體封閉類（D群、E群、H群）及主體開放類（F群、G群）。

6.4.2 建立設計專利逐年發展趨勢圖

　　為了進一步了解自行車產業的發展脈絡，續將1992-2003年的設計專利製成逐年發展趨勢圖，如圖6-6所示。圖6-6顯示2000後，避震器類（A群、B群、C群）的設計專利明顯變少，而主體開放類（F群、G群）的設計專利則又再度受到重視。主體封閉類（D群、E群、H群）因為屬於自行車車架的基本類型，因此，不論在各年度其取得設計專利的數量均呈現穩定的狀態。

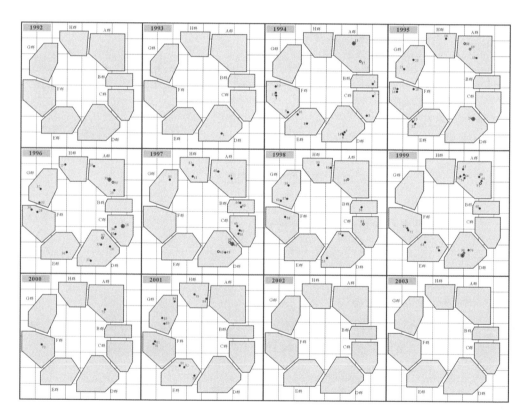

圖6-6　設計專利逐年發展趨勢圖

接著，將**圖6-5**與**圖6-6**的專利分布狀態歸納如**表6-4**。**表6-4**顯示，就各群的專利權存活率來看，避震器類（A群、B群、C群）的存活率普遍較低，而其他兩類的存活率明顯較高。顯示自行車車架產業的發展，會受到關鍵性零組件的發明及其市場接受度兩項因素的影響。當新的零組件被大量的發明與銷售時，該企業就會積極的以專利權作為市場競爭手段；但隨著市場接受度逐漸降低後，該企業則會降低對該項專利權的重視程度。因此，市場需求的變化會直接影響企業是否有效使用該項設計專利權的意願。

表6-4 各專利類群之綜合比率

類群 （Cluster）	自行車車架設計樣式	獨立設計 專利個數	聯合設計 專利個數	專利權存 活個數	專利權存 活百分率
A群	避震器類主體封閉式	14	6	1	5%
B群	避震器類主體開放式	5	0	0	0%
C群	避震器類斜置式	8	1	1	11.1%
D群	主體封閉類菱形簡單式	15	3	4	22.2%
E群	主體封閉類眼形簡單式	10	0	2	20%
F群	主體開放類簡單式	15	0	4	26.6%
G群	主體開放類複雜式	11	0	4	36.4%
H群	主體封閉類菱形複雜式	8	0	3	37.5%

6.5 制定設計策略

當設計專利地圖建置完成之後，企業需要的是將設計專利地圖的分析結果轉換成具體可行的設計策略。本節將陳述如何運用設計專利地圖協助設計策略的擬定。

6.5.1 定義專利能力度與專利需求度矩陣

不同的企業有著不同的專利能力度與專利需求度。**專利能力度**

是指該企業在專利開發時，各項資源的總投入；而**專利需求度**則是指該企業需要以專利作為競爭手段的迫切程度。

專利能力度與專利需求度可視為兩個獨立軸向，依據此軸向，可建構出專利能力度與專利需求度矩陣。如**圖6-7**所示。企業可依據自身的專利能力度與專利需求度的高低，找到相對應的設計策略，並依據該策略進行專利布局。

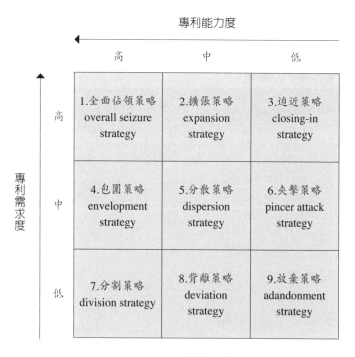

圖6-7　專利能力度與專利需求度矩陣

6.5.2 選擇對應的設計策略

依據專利能力度與專利需求度矩陣共交織出九種設計策略，分別為：

1.全面佔領策略（overall seizure strategy）：當企業具有高度的專利能力度與專利需求度時，可以採取全面佔領的策略，達到完全壟斷市場的優勢局面。

2.擴張策略（expansion strategy）：當企業專利需求度大，惟專利能力度中等時，企業為了搶攻某項明星產品，可藉由聯合設計專利的操作方式，不斷擴大核心專利的專利範圍，逐步吞食競爭對手的專利版圖。

3.迫近策略（closing-in strategy）：當企業專利需求度大，惟專利能力度較低時，可採取一對一的迫近策略，緊盯競爭對手的專利權，以確保競爭對手不致壟斷市場。

4.包圍策略（envelopment strategy）：當企業的專利能力度遠勝於競爭對手，而專利需求度為中等時，可採取包圍政策，藉以夾殺競爭對手的專利空間。

5.分散策略（dispersion strategy）：當企業具有一定的專利能力度與專利需求度，且競爭對手尚不明顯時，企業可以採取分散布局，佔領重要據點，以尋求未來較佳的發展性。

6.夾擊策略（pincer attack strategy）：當企業的專利需求度為中等，但整體專利能力度較弱時，可考慮以重點力量，採夾擊的方式，以抑制競爭對手過度擴張其專利版圖。

7.分割策略（division strategy）：當企業本身的專利需求度較低，但競爭對手的專利版圖卻有逐漸坐大的傾向時，企業將以強大的專利能力，採取分割策略，以截斷競爭對手專利版圖持續壯大。

8.背離策略（deviation strategy）：當競爭對手的專利對企業形成一定的壓力，且企業本身又無明顯專利需求時，企業可採取背離策略，重新尋覓重要的專利據點。

9.放棄策略（abandonment strategy）：當企業自身的專利能力

差，且被競爭對手包圍，加上大局又無利可圖時，企業可以考慮放棄該項專利，不再以專利為競爭手段。

圖6-8顯示前述的九種設計策略的布局圖形。在此圖形中，每個格點上的白棋與黑棋分別代表己方與競爭方的專利。企業可以依據專利能力度與專利需求度的高低，制定相對應的設計策略，並積極進行專利布局。

為了具體描述如何解讀設計專利地圖，並進一步制定設計策略。筆者以全球知名的自行車品牌——巨大公司（GIANT）的設計

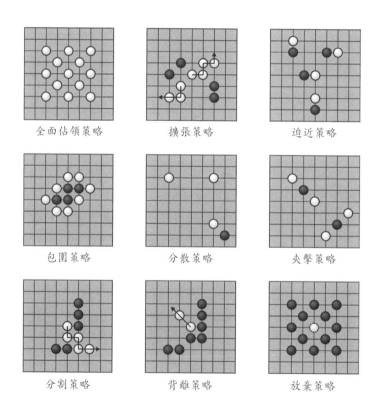

全面佔領策略　　　擴張策略　　　迫近策略

包圍策略　　　分散策略　　　夾擊策略

分割策略　　　背離策略　　　放棄策略

○　企業自身的設計專利　　　●　競爭對手的設計專利

圖6-8　九大策略在圍棋棋盤中的布局圖形

專利（專利樣本編號31）爲例加以說明。**圖6-9**顯示樣本31在A群所面臨的專利競爭情形。該圖顯示巨大公司該項設計專利，與競爭對手之樣本65、樣本88幾乎重疊，形成敵我相當緊迫的關係。爲了進一步釐清其間的關係，筆者將樣本65、樣本88、以及另一競爭樣本70視爲重要的參考點，依此三點所構成的弦線與樣本31最接近的點產生正切線，並將此一切線定義爲樣本31的壓力線（Pressure Line）。檢視壓力線的右側充斥著大量且密集的競爭對手設計專利，代表樣本31承受著極大的專利競爭壓力。由於巨大公司在該區並無其他的設計專利可互相支援。衡量敵我現實的專利密度與巨大公司本身的專利能力度及專利需求度。巨大公司可以樣本31爲基礎點，採取「背離」的設計策略，藉以遠離競爭對手的專利區，並朝向其他有利的方向發展。

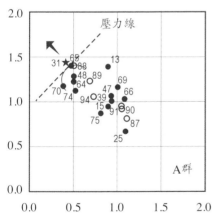

右側圖例：

● 設計專利

○ 聯合設計專利

★ 巨大公司設計專利（專利樣本編號no.31）

弦 關鍵專利樣本65,88,70所形成的弦（針對專利樣本31而言）

- - - 弦的正切線

圖6-9 巨大公司設計專利所面臨的處境與對應策略

6.6 使用專利地圖可獲取的優勢

過往，設計策略的制定多半著重於市場面，透過針對消費者的各項調查，回饋給企業高層主管進行設計策略的制定。然而，當今企業之間所存在的競爭，並非消極的針對市場面的調查就可獲得勝出。取而代之的是，如何以強制性、壟斷性的權利，壓制企業的競爭對手。無可諱言的，設計專利地圖是制定設計策略的最佳工具之一。

藉由解析專利資料開始，進而建置設計專利地圖，最終以制定設計策略為目標。此一系統性的進程，提供企業建置一個有效的市場競爭策略。企業並可獲致以下的利益：

1.洞悉產業的技術發展與脈動。
2.了解競爭對手的專利壓迫程度。
3.監控敵我專利權的消長情形。
4.確認該產業所有的專利權分布狀態。
5.明確訂定企業整體的專利布局與投資。

有效結合智慧財產專家的建言，乃是建置一個完整且可行的「專利地圖」的不二法門。筆者針對自行車車架設計專利，進行地毯式搜尋，並透過分析與歸納，將專利資料中所隱含之技術面及管理面之訊息解析出來，以作為研發及管理之用。本章係在資深的專利審查委員的協助下，完成專利地圖的建置，由於他們判斷專利的經驗豐富，故此一專利地圖的可信度極高。

由於專利係屬地主義保護，各國針對設計專利的保護不盡相同。但本章所建置的是將專利資料轉換為設計策略的一個通用方法，並突破地域的限制，具有跨國性，可適用於不同國家。筆者建

議，企業可透過本章提出的進程步驟，建置設計專利地圖，並發展成具體可行的設計策略。此一策略工具，將成爲該企業面對知識經濟時代的新競爭利器！

註　釋

[1] Liu, S. J. and Shyu, J. (1997). Strategic Planning for Technology Development with Patent Analysis. International Journal of Technology Management 13(5/6), 661-680.

[2] IBM (2004). Intellectual Property and Licensing. http://www.ibm.com/ibm/licensing/ IBM Inc.

[3] OEM: The manufacture produces goods according to the buyer's pecifications.

[4] ODM: The manufacture not only produces but designs goods according to the buyer's specifications.

[5] OBM: The manufacture produces goods under its own brand-name.

[6] OPM: The manufacture not only produces goods but owns patents and marketing capability.

[7] Dowon (2004). IP Business. http://www.dowon.com. Dowon International Inc.

[8] USPTO: A governmental organization of US for the affairs of intellectual property protection. http://www.uspto.gov/

[9] EPO: A governmental organization of Europe for the affairs of intellectual property protection. http://www.epo.org/

[10] JPO: A governmental organization of Japan for the affairs of intellectual property protection. http://www.jpo.go.jp/

[11] TIPO (2004). Search System. http://www.tipo.gov.tw. Taiwan Intellectual Property Office. http://www.tipo.gov.tw/

[12] 國際工業設計分類縮寫為〝LOC〞。根據羅卡諾聯盟專家委員會（the Committee of 20 Experts of the Locarno Union）的提議，分類版本應以阿拉伯數字置於單括弧內，如LOC(6)Cl.8-05。分類標記應在同行標示特定標記的全部元素，最好以便於機器轉譯的方式為之。

[13] Design patent has two categories, i.e. independent design patent and united design patent. For the first submitted application, it falls into the independent design patent category.

[14] The similar creations created by the patentee of the independent design patent falls into the united design patent category. http://www.tipo.gov.tw/

[15] Yang, W. C. (1994). Bicycle Frame. Taiwan's Official Patent Gazette 21(24),

2193-2196 (August).

[16] Su, W. C. (1994). Bicycle Frame (2). Taiwan's Official Patent Gazette 21(25), 3479-3482 (September).

[17] Su, W. C. (1994). Bicycle Frame (1). Taiwan's Official Patent Gazette 21(26), 1949-1951 (September).

[18] Lin, K. C. (1994). Bicycle Frame. Taiwan's Official Patent Gazette 21(26), 1953-1954 (September).

[19] Lin, T. C. (1994). Bicycle Frame. Taiwan's Official Patent Gazette 21(20), 2215-2216 (July).

[20] He, Y. B. (1995). Bicycle Frame. Taiwan's Official Patent Gazette 22(6), 3981-3984 (February).

[21] Lin, C. Y. and Chu, K. D. (1995). Bicycle Frame. Taiwan's Official Patent Gazette 22(11), 3337-3339 (April).

[22] Hsu, C. M. (1995). Bicycle Frame. Taiwan's Official Patent Gazette 22(1), 3297-3298 (January).

[23] Fang, M. T. (1995). Bicycle Frame. Taiwan's Official Patent Gazette 22(9), 3757-3759 (March).

[24] Tseng, D. H. (1995). Bicycle Frame. Taiwan's Official Patent Gazette 22(10), 2067-2069 (April).

[25] Lin, C. Y. and Chu, K. D. (1996). Bicycle Frame. Taiwan's Official Patent Gazette 23(27), 3329-3331 (September).

[26] Lin, C. Y. and Chu, K. D. (1996). Bicycle Frame. Taiwan's Official Patent Gazette 23(20), 2935-2927 (July).

[27] Lai, Y. B. (1995). Bicycle Frame. Taiwan's Official Patent Gazette 22(11), 3341-3343 (April).

[28] Tseng, D. H. (1995). Bicycle Frame (1). Taiwan's Official Patent Gazette 22(15), 2725-2727 (May).

[29] Huang, Y. J. (1995). Bicycle Frame. Taiwan's Official Patent Gazette 22(20), 3373-3375 (July).

[30] Katsuhisa, J. N. (1996). Bicycle Frame (2). Taiwan's Official Patent Gazette 23(25), 3869-3871 (September).

[31] Katsuhisa, J. N. (1995). Bicycle Frame (1). Taiwan's Official Patent Gazette 22(25), 3653-3656 (September).

[32] Chiu, Y. Y. (1996). Bicycle Frame (2). Taiwan's Official Patent Gazette 23(5),

3125-3128 (February).

[33] Chen, Y. H. (1996). Bicycle Frame. Taiwan's Official Patent Gazette 23(32), 4081-4084 (November).

[34] Lin, F. H. (1996). Bicycle Frame. Taiwan's Official Patent Gazette 23(24), 3957-3959 (August).

[35] Fang, M. T. (1996). Bicycle Frame. Taiwan's Official Patent Gazette 23(2), 3819-3822 (January).

[36] Busby, J. S., Ozonic, S. H., Needle, S. A., Fourjinge, H. W, and Shosker, J. A. (1996). Bicycle Frame. Taiwan's Official Patent Gazette 23(9), 2423-2427 (March).

[37] Lin, F. H. (1996). Bicycle Frame (1). Taiwan's Official Patent Gazette 23(22), 3063-3065 (August).

[38] Lai, Y. B. (1996). Bicycle Frame (1). Taiwan's Official Patent Gazette 23(32), 4085-4087 (November).

[39] Chen, S. H. (1997). Bicycle Frame. Taiwan's Official Patent Gazette 24(4), 2951-2953 (February).

[40] Fang, M. T. (1996). Bicycle Frame. Taiwan's Official Patent Gazette 23(28), 3319-3322 (October).

[41] Lin, C. S. (1996). Bicycle Frame. Taiwan's Official Patent Gazette 23(33), 2973-2975 (November).

[42] Chuang, W. C. (1998). Bicycle Frame. Taiwan's Official Patent Gazette 25(7), 2063-2066 (March).

[43] Chen, S. S. (1997). Bicycle Frame. Taiwan's Official Patent Gazette 24(26), 4051-4054 (September).

[44] Lin, F. H. (1997). Bicycle Frame. Taiwan's Official Patent Gazette 24(25), 3809-3811 (September).

[45] Liao, B. H. (1997). Bicycle Frame. Taiwan's Official Patent Gazette 24(13), 2659-2662 (May).

[46] Pattison, T. C. (1999). Bicycle Frame. Taiwan's Official Patent Gazette 26(14), 3529-3531 (May)

[47] Pattison, T. C. (1997). Bicycle Frame. Taiwan's Official Patent Gazette 24(26), 4505-4509 (September).

[48] Hu, C. M. (1997). Bicycle Frame (2). Taiwan's Official Patent Gazette 24(14), 4129-4134 (May).

49 Hu, C. M. (1997). Bicycle Frame (1). Taiwan's Official Patent Gazette 24(14), 4135-4139 (May).

50 Chen, H. C. (1997). Bicycle Frame. Taiwan's Official Patent Gazette 24(24), 4669-4671 (August).

51 Wang, Z. X. (1997). Bicycle Frame. Taiwan's Official Patent Gazette 24(8), 2693-2695 (March).

52 Yu, Z. W. and Yu, Z. Y. (1997). Bicycle Frame (1). Taiwan's Official Patent Gazette 24(14), 4141-4144 (May).

53 Yu, Z. W. and Yu, Z. Y. (1997). Bicycle Frame (2). Taiwan's Official Patent Gazette 24(13), 2663-2666 (May).

54 Yu, Z. W. and Yu, Z. Y. (1997). Bicycle Frame (3). Taiwan's Official Patent Gazette 24(15), 5167-5168 (May).

55 Hsiao, D. R. (1997). Bicycle Frame. Taiwan's Official Patent Gazette 24(18), 4479-4482 (June).

56 Yu, Z. W. and Yu, Z. Y. (1997). Bicycle Frame (4). Taiwan's Official Patent Gazette 24(17), 4231-4233 (June).

57 Wang, Z. X. (1997). Bicycle Frame (2). Taiwan's Official Patent Gazette 24(20), 4259-4261 (July).

58 Chang, C. C. (1997). Bicycle Frame (1). Taiwan's Official Patent Gazette 24(26), 4511-4513 (September).

59 Chang, C. C. (1997). Bicycle Frame (2). Taiwan's Official Patent Gazette 24(26), 4515-4517 (September).

60 Hu, C. M. (1997). Bicycle Frame. Taiwan's Official Patent Gazette 24(25), 4629-4631 (September).

61 Lin, C. S. (1997). Bicycle Frame. Taiwan's Official Patent Gazette 24(19), 4383-4386 (July).

62 Wang, Z. X. (1998). Bicycle Frame (3). Taiwan's Official Patent Gazette 25(3), 3175-3177 (January).

63 Hu, C. M. (1999). Bicycle Frame (4). Taiwan's Official Patent Gazette 26(24), 5595-5597 (August).

64 Hu, C. M. (1999). Bicycle Frame (3). Taiwan's Official Patent Gazette 26(24), 5599-5601 (August).

65 Lin, F. H. (1998). Bicycle Frame (6). Taiwan's Official Patent Gazette 25(17), 4679-4682 (June).

[66] Lu, C. (1998). Bicycle Frame (2). Taiwan's Official Patent Gazette 25(31), 3467-3470 (November).

[67] Wu, L. M. (2000). Bicycle Frame. Taiwan's Official Patent Gazette 27(10), 3685-3688 (April).

[68] Wu, L. M. (2000). Bicycle Frame. Taiwan's Official Patent Gazette 27(2), 4299-4102 (January).

[69] Lai, T. S. (2000). Bicycle Frame. Taiwan's Official Patent Gazette 27(9), 4374-4377 (March).

[70] Wu, L. M. (2000). Bicycle Frame (3). Taiwan's Official Patent Gazette 27(8), 5001-5003 (March).

[71] Wu, L. M. (2000). Bicycle Frame (2). Taiwan's Official Patent Gazette 27(13), 4121-4123 (May).

[72] Yang, M. C. (2000). Bicycle Frame (1). Taiwan's Official Patent Gazette 27(32), 5949-5952 (November).

[73] Chang, C. L. (2000). Bicycle Frame (1). Taiwan's Official Patent Gazette 27(10), 3701-3703 (April).

[74] Chang, C. L. (2000). Bicycle Frame (2). Taiwan's Official Patent Gazette 27(10), 3705-3707 (April).

[75] Lai, Y. B. (2000). Bicycle Frame. Taiwan's Official Patent Gazette 27(28), 5685-5688 (October).

[76] Liu, X. H. (2001). Bicycle Frame. Taiwan's Official Patent Gazette 28(4), 5995-5997 (February).

[77] Lin, Y. C. (2000). Bicycle Frame. Taiwan's Official Patent Gazette 27(19), 7379-7381 (July).

[78] Lin, J. H. (2000). Bicycle Frame. Taiwan's Official Patent Gazette 27(18), 5959-5961 (June).

[79] Hu, C. M. (2000). Bicycle Frame (7). Taiwan's Official Patent Gazette 27(26), 6281-6284 (September).

[80] Lai, Y. B. (2000). Bicycle Frame (1). Taiwan's Official Patent Gazette 27(26), 6285-6288 (September).

[81] Yang, M. C. (2001). Bicycle Frame. Taiwan's Official Patent Gazette 28(13), 11507-1509 (May).

[82] Yu, C. Y. (2000). Bicycle Frame. Taiwan's Official Patent Gazette 27(35), 5815-5818 (December).

[83] Hu, C. M. (2001). Bicycle Frame (8). Taiwan's Official Patent Gazette 28(4), 4305-4307 (February).

[84] Huang, W. T. (2001). Bicycle Frame. Taiwan's Official Patent Gazette 28(10), 5999-6002 (April).

[85] Yu, B. S. (2001). Bicycle Frame (1). Taiwan's Official Patent Gazette 28(16), 8805-8807 (June).

[86] Yu, B. S. (2001). Bicycle Frame (2). Taiwan's Official Patent Gazette 28(16), 8809-8811 (June).

[87] Ye, M. H. (2001). Bicycle Frame. Taiwan's Official Patent Gazette 28(14), 11895-11898 (May).

[88] Yu, Z. W. and Yu, Z. Y. (2001). Bicycle Frame. Taiwan's Official Patent Gazette 28(27), 8175-8177 (September).

[89] Lai, Y. B. (2001). Bicycle Frame (2). Taiwan's Official Patent Gazette 28(29), 8399-8401 (October).

[90] Liu, X. H. (2002). Bicycle Frame (2). Taiwan's Official Patent Gazette 29(22), 8723-8726 (August).

[91] Tsai, J. C. (2001). Bicycle Frame. Taiwan's Official Patent Gazette 28(33), 9433-9436 (November).

[92] Chen, C. H. and Chen, Z. H. (2002). Bicycle Frame. Taiwan's Official Patent Gazette 29(7), 7677-7680 (March).

[93] Lin, C. Q. (2002). Bicycle Frame. Taiwan's Official Patent Gazette 29(6), 6441-6444 (February).

[94] Yu, Z. W. and Yu, Z. Y. (2002). Bicycle Frame. Taiwan's Official Patent Gazette 29(12), 7917-7919 (April).

[95] Chung, C. X. (2002). Bicycle Frame. Taiwan's Official Patent Gazette 29(12), 7929-7932 (April).

[96] Lee, D. K. (2002). Bicycle Frame. Taiwan's Official Patent Gazette 29(12), 7953-7956 (April).

[97] Xiaosheng, J. J., Giga, Z. R., and Er, T. S. (2002). Bicycle Frame. Taiwan's Official Patent Gazette 29(31), 10153-10157 (November).

[98] Lin, D. Y. (2002). Bicycle Frame. Taiwan's Official Patent Gazette 29(28), 8015-8020 (October).

[99] Tung, N. C. (2002). Bicycle Frame. Taiwan's Official Patent Gazette 29(32), 9359-9362 (November).

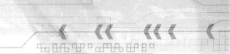

[100] Hsiao, B. J. (2003). Bicycle Frame. Taiwan's Official Patent Gazette 30(4), 5369-5372 (February).

[101] Lai, Y. B. (1995). Bicycle Frame. Taiwan's Official Patent Gazette 22(17), 2215-2217 (June).

[102] Lai, Y. B. (1995). Bicycle Frame. Taiwan's Official Patent Gazette 22(17), 2219-2221 (June).

[103] Lai, Y. B. (1995). Bicycle Frame. Taiwan's Official Patent Gazette 22(30), 4099-4102 (October).

[104] Lai, Y. B. (1997). Bicycle Frame. Taiwan's Official Patent Gazette 24(21), 4291-4294 (July).

[105] Lai, Y. B. (2000). Bicycle Frame. Taiwan's Official Patent Gazette 27(3), 4353-4355 (January).

[106] Lai, Y. B. (1997). Bicycle Frame. Taiwan's Official Patent Gazette 24(24), 4665-4668 (August).

[107] Chuang, W. C. (1998). Bicycle Frame. Taiwan's Official Patent Gazette 25(34), 4785-4787 (December).

[108] Yu, Z. W. and Yu, Z. Y. (1999). Bicycle Frame. Taiwan's Official Patent Gazette 26(20), 4689-4691 (July).

[109] Hu, C. M. (1999). Bicycle Frame. Taiwan's Official Patent Gazette 26(16), 4629-4631 (June).

[110] Liu, X. H. (2001). Bicycle Frame. Taiwan's Official Patent Gazette 28(10), 5995-5997 (April).

≪ 第四篇 ≫

日本意匠篇

Design Patent

第 7 章
日本部分意匠之申請及審查

　　日本於1998年修正意匠法，國會於1999年通過意匠法部分修正案，於2001年1月6日實施。修正重點包括導入部分意匠制度、創設關連意匠制度及廢除類似意匠制度等。修正前之意匠法第2條所規定之**物品**，係指流通於市場可得以交易之製品。由於物品之一部分並非意匠法保護的對象，若物品之外觀包含一個以上之創作特徵，僅其中一部分遭模仿者，仍為意匠權所不及。基於以上之考量，爰修正意匠法第2條，導入部分意匠制度。日本特許廳爰於2002年發布「意匠審查基準」，其中第7篇第1章「部分意匠」係規範部分意匠之審查；並於2004年發布「意匠註冊申請之申請書及圖面記載指南」，而第8章「部分意匠申請書記載指南」及第9章「部分意匠圖面記載指南」係規範部分意匠之申請。

　　除美國法制早已保護部分設計[1]外，韓國2001年2月3日修正之設計法亦導入部分設計制度；歐洲議會於2001年12月21日完成立法之歐洲聯盟設計法中，明文規定保護產品之全部或一部分外觀（the appearance of the whole or a part of a product）。由於部分設計保護制度已為世界趨勢，為擴大新式樣專利之保護並與國際接軌，在認定國際優先權之主張、申請專利圖說之補充、修正等實務運作的考量上，我國導入部分設計保護制度有其必要性。

　　本章主要係就日本導入部分意匠制度後於申請及審查層面之變動予以說明（除另有標示或說明者外，本章中所揭露之圖面皆出自於日本特許廳於2002年發布之「意匠審查基準」，或2004年發布之「意匠註冊申請之申請書及圖面記載指南」），並簡單比較美國部分設計與日本部分意匠之差異，最後就我國導入部分新式樣制度後，於申請、審查層面及新式樣專利權範圍之侵害判斷等可能之變動，提出論述。

7.1 部分意匠之意義

　　日本舊意匠法第2條第1項：「本法稱『意匠』者，係有關物品之形狀、花紋、色彩或其結合，能透過視覺引起美感之創作。」意匠是物品形態之創作，物品與形態係一整體不可分離，脫離物品僅是形態者，例如僅是花紋或色彩之創作不被認定為意匠[2]。

　　日本於1999年修正通過之意匠法第2條第1項：「本法稱『意匠』者，係有關物品（含物品之一部分，第8條除外，以下同）之形狀、花紋、色彩或其結合，能透過視覺引起美感之創作。」藉增加括號內之文字，而將原本僅保護物品整體外觀之形狀、花紋、色彩或其結合（即形態）之範圍擴大，意匠權不僅保護物品整體形態，亦保護其部分形態。部分意匠保護之範圍，並非僅及於物品之零件的形態，無論物品之一部分與其他部分是否得以分離，只要該部分佔據一定範圍且能作為比對之對象者，均予以保護。簡言之，**部分意匠之意義**為「物品之一部分形態」。

　　依意匠審查基準之規定，得申請註冊部分意匠之物品形態必須符合下列所有條件[3]：

1.所屬之物品必須為意匠法保護之對象。
2.在其所屬之物品全體形態中必須佔據一定範圍。
3.在其所屬之物品全體形態中必須能作為與其他意匠比對之對象。

　　1999年意匠法第2條所增加的文字中特別排除第8條組物意匠之適用，指一申請案不得既申請組物意匠又申請部分意匠。**組物意匠制度之目的**係保護由各個物品構成之整組物品全體所具有之統一美感。**組物意匠之標的**為符合意匠法規定之單一物品與單一物品之組

合形態：**部分意匠之標的**爲單一物品外觀之一部分形態，兩者保護之標的不同，故組物意匠之部分形態不得作爲部分意匠註冊申請之標的[4]。

日本大正10年意匠法中，將意匠之定義從「須應用於物品」修正爲「有關物品」[5]，學說上認爲係採用意匠即物品之原則[6]。1999年意匠法第2條仍爲「有關物品」[7]，其他法條未觸及物品之同一或近似的問題，但實務上，無論審查或法院判決均認爲近似之意匠包括同一及近似物品的範圍[8]。因此，脫離物品僅爲花紋者，並非意匠法所保護之對象，花紋不得單獨爲部分意匠註冊申請之標的。換句話說，申請具有花紋之部分意匠時，必須以物品之形狀與花紋結合之方式申請[9]。

7.2 部分意匠之申請

本節係依日本於2004年發布之「意匠註冊申請之申請書及圖面記載指南」（以下簡稱「申請指南」）第8章「部分意匠申請書記載指南」及第9章「部分意匠圖面記載指南」，說明申請部分意匠之申請書及圖面應記載之事項。

7.2.1 申請書之記載

部分意匠申請書之記載分爲四個欄位，分述如下：

1. **部分意匠欄**：部分意匠欄置於首欄，係專爲部分意匠申請所特設之欄位，惟僅空設此欄，無須填寫任何文字，據以明確要註冊之部分。

2. **意匠物品欄**：應依意匠法第7條經濟產業省令所定之「物品分類」，將包括要註冊之部分及其他部分而爲創作之基礎的物

品記載於此欄。例如照相機之創作,其鏡頭為要註冊之部分者,應記載為「照相機」,切勿記載為「照相機之鏡頭」、「照相機之部分」或「鏡頭」等。

3.意匠物品説明欄:部分意匠物品不屬於意匠「物品分類」者,應記載有助於理解該物品之使用目的及使用狀態等。若認為僅依圖面難以瞭解要註冊之部分的用途及功能者,應以文字說明之,亦得繪製參考圖代替該說明。

4.意匠説明欄:對於部分意匠而言,由於法規並未限制必須以實線、虛線等表現部分意匠,故應於本欄中記載圖面係以何種方式特定要註冊之部分,例如以實線描繪「要註冊之部分」、以鏈線描繪「其他部分」者,本欄應記載為「以實線表現之部分為部分意匠中要註冊之部分」。

以照片表現部分意匠者,首先準備樣品,並將該樣品之其他部分塗色,再以照相機仿六面視圖之視角拍攝作成之。本欄應記載為「塗色以外之部分為部分意匠中要註冊之部分」。

7.2.2 圖面之記載

意匠法施行細則所附之樣式中,對於意匠圖面之繪製方式有詳細規定。依樣式第6備考8,表現立體之圖面,應依正投影圖法以同一比例尺製得前視圖、後視圖、左側視圖、右側視圖、俯視圖及仰視圖,以前述六面視圖為「一組圖面」記載之。另依第6備考9,依等角投影圖法或斜視圖法製得立體圖者,得省略相對應之視圖;但立體圖並非必要圖面。例如立體圖揭露對象物之前視、右側視及俯視之圖形者,得省略前視圖、右側視圖及俯視圖。此外,參考圖之作用僅係輔助了解意匠之使用狀態等,其所揭露之內容並非屬於該意匠之內容。

7.2.2.1 特定「要註冊之部分」

特定要註冊之部分的方式規定於樣式第6備考11，通常係在「一組圖面」上以實線描繪要註冊之部分，以虛線描繪其他部分，而據以特定部分意匠中要註冊之部分。此方式並非強制性規定，亦得以其他方式為之，但須配合意匠說明欄之記載。

應注意者，雖然意匠圖面中得以立體圖替代正投影圖，但特定要註冊之部分時，不得以立體圖予以特定。

1. 以六面視圖特定：圖7-1(a)上半部為要註冊之部分者，得依圖7-1(b)之方式特定之。

2. 以剖視圖特定：若僅以六面視圖仍無法完整表現部分意匠者，得增加剖視圖。依樣式第6備考15，剖視圖之割面線全部為平行斜實線，無須區別實線、虛線所包圍之部分，但要註冊之部分的外周輪廓應為實線，其他部分之外周輪廓應為虛線。圖7-2(a)上半部為要註冊之部分者，得依圖7-2(b)之方式特定之；圖7-3(a)內側扁平圓柱部分為要註冊之部分者，得依圖7-3(b)之方式特定之；材質之改變使平坦的外觀表面呈現線條者，應在剖視圖上予以明確區隔。圖7-4(a)上半部為要註冊之部分者，得依圖7-4(b)或圖7-4(c)之方式特定之。

3. 不適當之特定例：依樣式第6備考11，應以「一組圖面」特定要註冊之部分，且意匠說明欄應記載特定該部分之方式，下列為不適當之例：

   (1)僅在意匠說明欄以文字記載予以特定者。

   (2)以「一組圖面」以外之圖面，如參考圖等，予以特定者。

   (3)僅在「一組圖面」上反向揭露不構成要註冊之部分者。

   (4)以指示線指示要註冊之部分者。

(a)

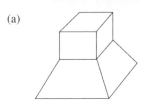

(b)【意匠說明】實現表現部分為部分意匠中要註冊之部分後視圖與
　　　　　　　前視圖相同、左側視圖與右側視圖相同省略後視圖
　　　　　　　及左側視圖。

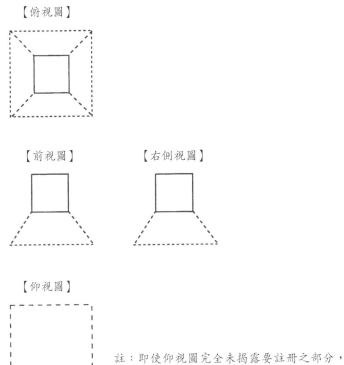

【俯視圖】

【前視圖】　　　　【右側視圖】

【仰視圖】

　　　　　　　　註：即使仰視圖完全未揭露要註冊之部分，
　　　　　　　　　　仍不得省略。

圖7-1　以六面視圖特定例

(a)

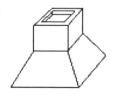

(b)

【仰視圖】　　　　　　　　【意匠說明】以實線表現之部分爲部分意匠中要
　　　　　　　　　　　　　　　　　　　註冊之部分。

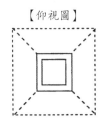

【前視圖】　　　　　【右側視圖】　　　　　【前視圖中央縱剖視圖】

圖7-2　以剖視圖特定例一

(a)

內側扁平圓柱

(b)　　　【特定要註冊之部分之剖視圖例】
　　　　　【意匠說明】以實線表現之部分為部分意匠中要註冊之部分。
　　　　　　　　　　　　特定部分意匠要註冊之部分的圖面包含前視圖中央橫
　　　　　　　　　　　　剖視圖及A-A'剖視圖。
　　　　　　　　　　　　後視圖與前視圖相同、左側視圖與右側視圖相同、仰視
　　　　　　　　　　　　圖與俯視圖相同，省略後視圖、左側視圖及仰視圖。

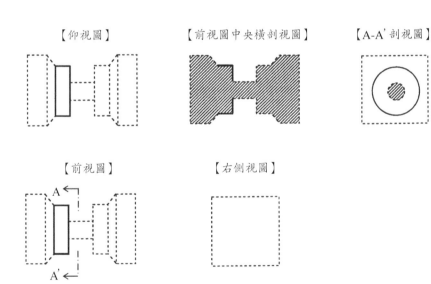

圖7-3　以剖視圖特定例二

(a)

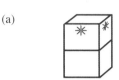

(b)

【意匠說明】 以實線表現之部分爲部分意匠中要註冊之部分。

周圍側面中段表現部分意匠中要註冊之部分的線條係材質變換線，並非要註冊之部分與其他部分之分界指示線。

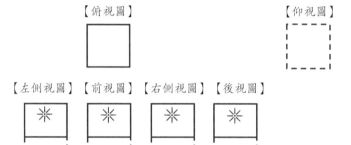

【俯視圖】　　　　　　　　　　　　　　　　　　　【仰視圖】

【左側視圖】【前視圖】【右側視圖】【後視圖】

註：正確圖法，仰視圖應置於前視圖之下。

(c)

【意匠說明】 以實線表現之部分爲部分意匠中要註冊之部分。

【俯視圖】

【左側視圖】【前視圖】【右側視圖】【後視圖】【前視圖中央縱剖視圖】

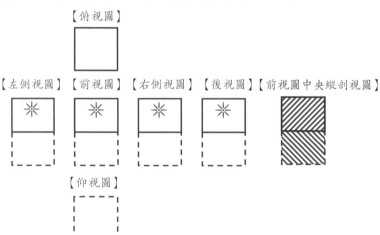

【仰視圖】

圖7-4　以剖視圖特定例三

7.2.2.2 「要註冊之部分」與「其他部分」之分界指示線

依樣式第6備考11，通常得以實線及虛線分別揭露要註冊之部分及其他部分，但兩者之分界仍須明確。例如一條線分為實線及虛線兩線段，而兩者之間無任何分界指示線予以明確區隔者，應認定為不明確。因此，申請指南規定「分界指示線」之運用，分界指示線通常應以一點鏈線表現，並須在意匠說明欄記載之。

1. 平坦部之指示線：**圖7-5(a)** 上半部平坦的外觀表面，除表面之花紋設計外，未呈現任何線條，得依**圖7-5(b)** 之方式特定要註冊之部分：

(a)

(b)

【意匠說明】以實線表現之部分為部分意匠中要註冊之部分。一點鏈線
　　　　　係指示部分意匠中要註冊之部分與其他部分之分界線。

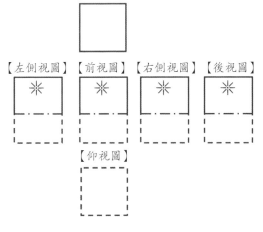

圖7-5 平坦部之指示線例

2.凸出部之指示線：**圖7-6(a)**表面三個凸點為要註冊之部分者，
得依**圖7-6(b)**之方式特定之：

(a)

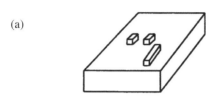

(b)
【意匠說明】一點鏈線所包圍之部分，係部分意匠中要註冊之部分。一點
鏈線係指示部分意匠中要註冊之部分與其他部分之分界線。

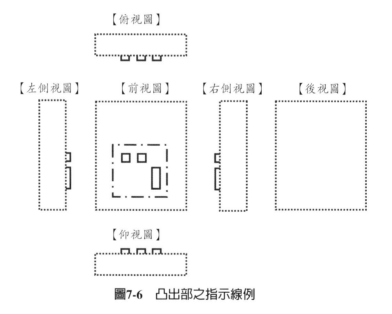

圖7-6　凸出部之指示線例

7.2.2.3 部分意匠的中間省略

意匠圖面中得省略長條形意匠中無變化之部分，中間省略之部
分有要註冊之部分及其他部分有兩種：

1.中間省略之部分為要註冊之部分，請參考**圖7-7**：

【意匠物品】電氣線

【意匠說明】以實線表現之部分為部分意匠中要註冊之部分。圖面中省
略之部分在申請所附之圖面上為50cm。

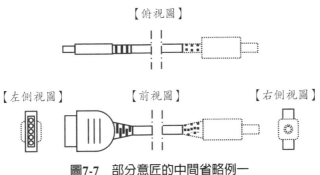

圖7-7　部分意匠的中間省略例一

2.中間省略之部分為其他部分，請參考**圖7-8**：

【意匠物品】電氣線

【意匠說明】以實線表現之部分為部分意匠中要註冊之部分。圖面中省
略之部分在申請所附之圖面上為50cm。

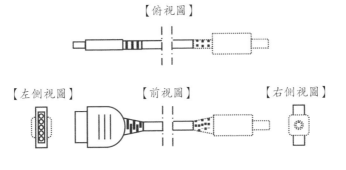

圖7-8　部分意匠的中間省略例二

7.2.2.4 部分意匠的部分放大圖

意匠圖面中得以部分放大圖放大意匠之細部，部分放大圖外周有要註冊之部分及其他部分兩種：

1.外周爲要註冊之部分，請參考**圖7-9**：

【意匠物品】染帶
【意匠説明】以實線表現之部分爲部分意匠中要註冊之部分。一點鏈線係指示部分意匠中要註冊之部分與其他部分之分界線。

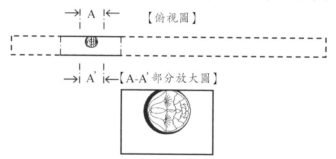

圖7-9　部分意匠的部分放大圖例一

2.外周爲其他部分，請參考**圖7-10**：

【意匠物品】染帶
【意匠説明】以實線表現之部分爲部分意匠中要註冊之部分。一點鏈線係指示部分意匠中要註冊之部分與其他部分之分界線。

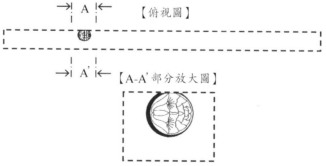

圖7-10　部分意匠的部分放大圖例二

7.2.2.5 說明操作部等之參考圖

申請部分意匠，須明確揭露部分意匠中要註冊之部分的用途及功能。若認爲僅依圖面難以瞭解要註冊之部分之用途及功能者，應在意匠物品說明欄中說明該部分之用途及功能，亦得繪製「說明操作部等之參考圖」或「指示各部分名稱之參考圖」代替該說明，請參考**圖7-11**。

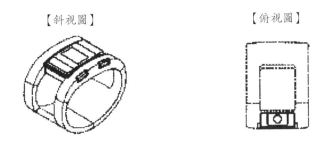

【斜視圖】　　　　　　　　　　【俯視圖】

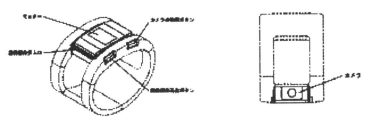

【標示各部名稱之參考斜視圖】　【標示各部名稱之參考俯視圖】

圖7-11　說明操作部等之參考圖例

7.2.2.6 「其他部分」揭露的程度

申請部分意匠，必須包含要註冊之部分及其他部分。爲認定申請意匠之物品，必須明確表現必要之構成要素；即要註冊之部分及其他部分之形態均須明確，且要註冊之部分在該兩部分所構成之全體形態中之位置、大小、範圍亦須明確。

　　例如**圖7-12(a)**，意匠物品為行動電話，該圖已明確揭露要註冊之部分的放音部，且其相對於物品全體輪廓形狀之位置、大小、範圍亦明確，惟由於其他部分之形態並不明確，要註冊之部分相對於其他部分之位置並不明確，故須就**圖7-12(b)**或**圖7-12(c)**擇一表現之。

(a)

【意匠物品】行動電話機

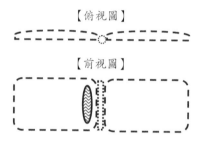

(b)　　　　　　　　　　　　　　　　　　　(c)

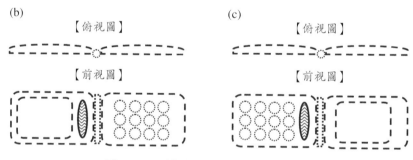

圖7-12　　「其他部分」揭露的程度圖例

7.2.2.7 要註冊之部分為孔部

　　要註冊之部分為孔部時，可將該特定部分意匠中要註冊之部分加以剖視圖處理，**圖7-13**所示之心型為部分意匠中要註冊之部分。

【意匠物品】鑰匙素材
【意匠說明】以實線表現之部分爲部分意匠中要註冊之部分。
　　　　　　後視圖與前視圖對稱，省略後視圖。
　　　　　　特定部分意匠中要註冊之部分包含A-A'剖視圖。

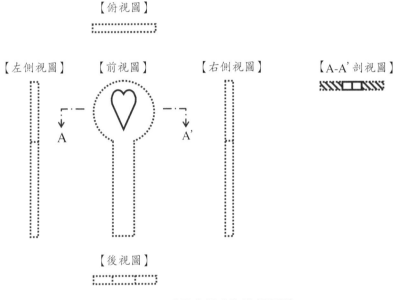

圖7-13　要註冊之部分爲孔部圖例

7.2.2.8 照片、模型或樣品

　　以照片表現部分意匠者，首先應準備樣品，並將該樣品之其他部分塗色，再以照相機仿六面視圖之視角拍攝作成之。此外，應在意匠說明欄記載「塗色以外之部分爲部分意匠中要註冊之部分」。若無法以塗色方式表現者，應以圖面爲之。模型及樣品之表現，準用前述之說明。

7.3 部分意匠之審查

　　日本特許廳於2002年綜合舊版「意匠審查基準」、「平成10年修正意匠法　意匠審查運用基準」及「平成11年修正意匠法　意匠審查運用基準」之內容修訂爲新版「意匠審查基準」，其中第7篇第1章爲「部分意匠」。以下僅就該章所載部分意匠審查之特別規定予以說明。

7.3.1 部分意匠之認定

　　部分意匠之審查，應以申請書及所附圖面爲基礎（不包括各種證明書、特徵記載書），就下列四點部分意匠之構成要素予以認定：

1. 部分意匠所屬物品：以部分意匠所屬物品之使用目的、使用狀態等，認定其用途及功能。
2. 要註冊之部分的用途及功能：要註冊之部分的用途及功能係以前述部分意匠所屬物品中具有之次用途及次功能，予以認定。
3. 要註冊之部分的位置、大小、範圍：**位置**，指要註冊之部分對於部分意匠所屬物品全體形態的相對位置關係；**大小**，指要註冊之部分在該意匠所屬領域中常識上的大小程度，並非指其絕對尺寸；**範圍**，指要註冊之部分對於部分意匠所屬物品全體形態的相對大小（面積比）。
4. 要註冊之部分的形態：認定要註冊之部分，應依意匠說明欄之記載，從圖面認定要註冊之部分的形態，得爲認定基礎之圖面包括「一組圖面」、剖視圖、斜視圖等必要圖面，參考圖之作用係輔助了解意匠。

7.3.2 部分意匠之註冊要件

如同全體意匠，部分意匠之註冊要件包括：(1)可供工業上利用之意匠；(2)新穎性；(3)創作性；(4)與先申請意匠之一部分不相同且不近似之後申請意匠（意匠法第3條之2）。

7.3.2.1 可供工業上利用之意匠

可供工業上利用之意匠包括「意匠」及「工業利用性」兩個部分，完全符合以下三個條件之意匠始得被認定為可供工業上利用之意匠：(1)構成意匠法所規定之意匠；(2)具體意匠；(3)工業利用性。

「意匠」之審查，必須先就申請內容是否構成意匠法所定義之意匠予以判斷，再就申請內容揭露之意匠是否具體明確予以判斷。

意匠法所定義之意匠必須是物品之形態創作，由於物品與形態係一整體不可分離，脫離物品僅得為形態者，例如僅只花紋或色彩之創作不被認定為符合意匠法有關「物品」之規定[10]。即使1999年意匠法導入部分意匠制度，對於意匠法係保護物品外觀之形態的創作，亦即意匠係由「物品」結合「形態」所構成之概念並未改變。

因此，意匠基準中特別規定：圖面僅表現要註冊之部分的花紋，如圖**7-14**，而申請之意匠為「表現在纖維製品上之花紋」者，不能被認定為屬於意匠法所定義之意匠。

圖7-14　圖面僅表現要註冊之部分的花紋例

資料來源：本圖之圖示見於「平成10年修正意匠法　意匠審查運用基準」，
4.1.1不構成部分意匠物品之內容。

「構成意匠法所定義之意匠」的審查中,有關部分意匠審查上之特別規定有二:

1. **佔據一定範圍**:部分意匠中要註冊之部分必須在全體形態中佔據一定範圍,亦即該部分在全體形態中包含一個封閉區域。**圖7-15**僅揭露一條稜線無分界指示線,並無法構成封閉區域,而不被認定為佔據一定範圍。

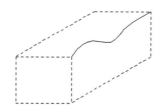

圖7-15   部分意匠中要註冊之部分必須在全體形態中佔據一定範圍例

2. **能作為比對之對象**:部分意匠中要註冊之部分所佔據之一定範圍內之意匠尚必須能與其他意匠比對。**圖7-16(a)**所揭露要註冊之部分所佔據之範圍為一完整之區域,能作為比對之對象;**圖7-16(b)**所揭露要註冊之部分所佔據之範圍並非一完整之區域,無法作為比對之對象。

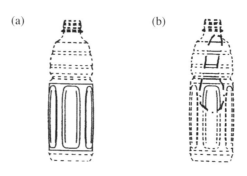

圖7-16   能作為比對之對象例

「具體意匠」之審查，指以該意匠所屬領域之通常知識，依申請書及所附圖面之記載，必須能直接必然得知具體意匠之內容及部分意匠之申請方式。所謂具體意匠之內容，即為**7.3.1 部分意匠之認定**中所述者。

有關「工業利用性」之審查，係就部分意匠所屬之物品予以判斷，而非就要註冊之部分為之。

7.3.2.2 新穎性

部分意匠新穎性之審查，係判斷部分意匠中要註冊之部分（不包括其他部分）是否已揭露於公開之先前意匠，或是否與先前意匠近似。例如部分意匠為照相機之鏡頭，由於意匠物品為權利客體，故作為比對之對象應為照相機之意匠。部分意匠與先前意匠具有下列所有情事者，應認定為相同或近似：

1. 部分意匠所屬之物品與先前意匠物品相同或近似。
2. 部分意匠中要註冊之部分與先前意匠中相當要註冊之部分的用途及功能相同或近似。
3. 部分意匠中要註冊之部分與先前意匠中相當要註冊之部分的形態相同或近似。
4. 部分意匠中要註冊之部分在其意匠物品全體形態中之位置、大小、範圍，與先前意匠中相當要註冊之部分的位置、大小、範圍相同，或在該意匠所屬領域中習見的範圍內者（意謂位置、大小、範圍在該意匠所屬領域中習見的範圍內者，不至於有影響）。

在判斷申請之意匠是否屬於記載在刊物上之意匠，或近似記載在刊物上之意匠時，若刊物上之意匠被表現到能充分比對的程度，則該刊物可作為新穎性判斷之基礎。所謂能充分比對的程度，係指

下列情況之一：

1.記載在刊物上之意匠係以斜視圖表現，而未表現後視、仰視等之形態，或記載在刊物上之意匠的一部分未被表現，但仍得依該意匠物品之特性概略賦予其整體應有的形態，而推定未表現之部分的具體形態者。

2.即使記載於刊物上之物品的意匠與其所涵蓋之物品（指完成品之意匠vs.零件之意匠）係屬當然不近似物品之意匠，但仍能辨識該意匠（零件之意匠）本身之具體形態者。

3.就揭露於意匠公報上之部分意匠中要註冊之部分以外的其他部分，仍能辨識該意匠物品的具體形態者（指先前意匠中之其他部分亦得為比對之對象）。**圖7-17**至**圖7-22**，左側之先前意匠使右側之部分意匠註冊申請不具新穎性。

 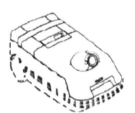

(a)先前意匠：
「電動吸塵器本體」

(b)部分意匠註冊申請：
「電動吸塵器本體」

圖7-17 部分意匠註冊申請——電動吸塵器本體例

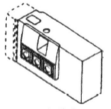 

(a)先前意匠：
「照相機」

(b)部分意匠註冊申請：
「照相機」

圖7-18 部分意匠註冊申請——照相機例

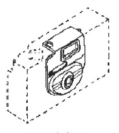

(a)先前意匠：
「照相機」

(b)部分意匠註冊申請：
「照相機用鏡頭」

圖7-19 部分意匠註冊申請——照相機用鏡頭例

(a)先前意匠：
「包裝瓶」

(b)部分意匠註冊申請：
「包裝瓶」

圖7-20 部分意匠註冊申請——包裝瓶例

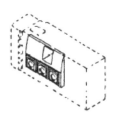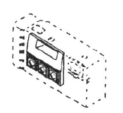

(a)先前意匠：
「照相機」

(b)部分意匠註冊申請：
「照相機」

圖7-21 部分意匠註冊申請——照相機例

(a)先前意匠：　　　　　　(b)部分意匠註冊申請：
「數位照相機」　　　　　　　「數位照相機」

圖7-22　部分意匠註冊申請──數位照相機例

7.3.2.3 創作性

　　創作性之審查，係該意匠所屬領域中具有通常知識者以申請前公知或周知之意匠及公知或周知之形狀、花紋、色彩或其結合是否能容易創作要註冊之部分之全體形態的判斷，並應判斷要註冊之部分在所屬之物品全體形態中之位置、大小、範圍是否為該意匠所屬領域中具有通常知識者習知之手法。無論是全體意匠或部分意匠，創作性與新穎性審查之基礎並不相同，新穎性審查僅限於申請前公知或周知之意匠，不包括公知或周知之形狀、花紋、色彩或其結合。

7.3.2.4 意匠法第3條之2（類似我國擬制喪失新穎性）

　　意匠法第3條之2規定：「申請之意匠與其申請前已提出申請，而在其申請後……始在意匠公報登載之意匠的一部分相同或近似者，不得准予註冊。」意匠審查基準中規定：先申請之開示意匠[11,12]必須揭露後申請之部分意匠中要註冊之部分的全體形態，或該開示意匠被表現到能充分比對的程度者（參照**7.3.2.2 新穎性**），始適用意匠法第3條之2。

　　第3條之2中所指「意匠之一部分」，係包含於先申請之開示意

匠外觀中之一個封閉區域，在觀念上將意匠構成要素分離爲形狀、花紋、色彩之一者，並不被視爲意匠之一部分。例如開示意匠爲物品之形狀及花紋之結合所構成，僅由該形狀所構成之意匠應不被視爲該開示意匠之一部分。應注意者，雖然先申請意匠爲部分意匠時，其開示意匠爲要註冊之部分與其他部分之結合。但第3條之2明定「……意匠之一部分……」，若後申請之全體意匠包含先申請之部分意匠中要註冊之部分及其他部分，則後申請之意匠不被視爲屬於先申請意匠之一部分。[13]

　　對於部分意匠是否適用意匠法第3條之2之審查，只要後申請之部分意匠中要註冊之部分與先申請之開示意匠中之相當部分的用途及功能相同或近似，且兩者之形態相同或近似時，應認定後申請之部分意匠與先申請之開示意匠中之相當部分爲近似。案例請參考**7.3.2.2 新穎性**中之案例。審查時，不論：(1)先申請之開示意匠爲全體意匠或部分意匠；(2)先、後申請案之申請人爲同一人或不同人；(3)先申請之開示意匠與後申請之部分意匠物品相同、近似或不近似。

7.3.3 部分意匠新穎性喪失之例外

　　有關部分意匠新穎性喪失之例外，部分意匠適用意匠法第4條第1項或第2項之規定，並準用全體意匠之審查基準。

7.3.4 部分意匠不得准予註冊之規定

　　部分意匠適用意匠法第5條不得准予註冊之規定第1款「妨害公序良俗」及第2款「與他人業務混淆」時，應以包含要註冊之部分及其他部分的部分意匠全體形態爲判斷對象；適用第3款「排除功能性意匠」時，應以要註冊之部分爲判斷對象。除前述之外，部分

意匠適用第5條之規定，並準用全體意匠之審查基準。

7.3.5 部分意匠之一意匠一申請

部分意匠適用意匠法第7條一意匠一申請之規定，除下述者外，並準用全體意匠之審查基準。

原則上，部分意匠物品中包含物理上分離之二以上要註冊之部分者，應不被認定為一意匠。惟下述兩種狀況例外：

1. **具形態一體性者**：呈現對稱形態或成組形態，而具一體的創作關連性者，得被認為具形態一體性。如**圖7-23**。

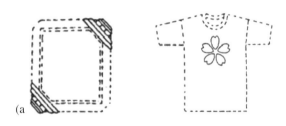

(a)

圖7-23　具形態一體性圖例

2. **具功能一體性者**：要註冊之部分全體實現一種功能，而具一體的創作關連性者，得被認定為具功能一體性。如**圖7-24**。

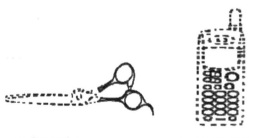

(a)「理髮剪刀」　　　　(b)「行動電話」

圖7-24　具功能一體性圖例

7.3.6 組物意匠之部分意匠

1999年意匠法第2條特別排除第8條組物意匠之適用。組物意匠與部分意匠之保護標的不同，組物意匠之部分形態不得作為部分意匠註冊申請之標的。

7.3.7 部分意匠有關先申請原則及關連意匠之規定

部分意匠適用意匠法第9條先申請原則及第10條關連意匠之規定，除下述者外，並準用全體意匠之審查基準。

意匠法第9條第1項或第2項先申請原則之目的在於排除重複授予意匠權，而為有關先、後申請或同日申請相同或近似之全體意匠或部分意匠的規定。因此，無論先申請部分意匠後申請全體意匠，或部分意匠與全體意匠同日申請，即使其申請書意匠物品欄所載之物品相同，部分意匠與全體意匠之間均不被認為適用意匠法第9條第1項或第2項之規定[14]。意匠法第10條關連意匠之審查，準用前述審查基準，亦即全體意匠始能申請全體意匠之關連意匠，部分意匠始能申請部分意匠之關連意匠。

具有下列所有情況者，兩部分意匠為相同或近似之意匠：(1)部分意匠所屬之物品之用途及機能相同或近似；(2)要註冊之部分之用途及機能相同或近似；(3)要註冊之部分之形態相同或近似；(4)要註冊之部分在其意匠物品全體形態中之位置、大小、範圍相同或在該意匠所屬領域中習見的範圍內者。

7.3.8 部分意匠申請書或圖面之修正

修正部分意匠申請書或圖面，不得變更實質。部分意匠之實質，指該意匠所屬之領域中具有通常知識者參酌部分意匠之構成要

素（參照**7.3.1 部分意匠之認定**），能直接必然得知具體意匠之內容者。

7.3.8.1 屬實質變更之修正類型

部分意匠申請書或圖面之修正，準用全體意匠之審查基準。實質變更之修正類型有二：

1. 超出該意匠所屬之領域中具有通常知識者能直接必然得知之相同範圍者。
2. 原申請意匠之實質不明確修正為明確者。

7.3.8.2 修正申請書或圖面之具體認定

■修正申請書

綜合申請書及圖面之記載，能直接必然得知為全體意匠申請者，在部分意匠欄或意匠說明欄中補充記載特定要註冊之部分的方式，而修正為部分意匠申請者，應認定為變更實質。

反之，綜合申請書及圖面之記載，能直接必然得知為部分意匠申請，刪除部分意匠欄或意匠說明欄中特定要註冊之部分的方式，而修正為全體意匠申請者，應認定為變更實質。

綜合申請書及圖面之記載，無法明確得知為全體意匠或部分意匠申請，經補充、修正部分意匠欄或補充、修正意匠說明欄中特定要註冊之部分的方式，而使該意匠申請明確者，應認定為變更實質。

■修正圖面

二以上要註冊之部分不符合一意匠一申請之規定，將其中之一部分修正為其他部分者，應認定未變更實質。

變更要註冊之部分的形態或其在全體形態中之位置、大小、範

圍者，應認定超出相同範圍而爲變更實質。

　　綜合申請書及圖面之記載，無法明確得知要註冊之部分的形態或其在全體形態中之位置、大小、範圍，經補充、修正使該意匠申請明確者，應認定超出相同範圍而爲變更實質。

　　變更其他部分之一部分爲實線，或變更其他部分之輪廓，而變更要註冊之部分在全體形態中之位置、大小、範圍者，應認定超出相同範圍而爲變更實質。

　　變更其他部分所有線條爲實線，而將該部分意匠變更爲全體意匠者，應認定超出相同範圍而爲變更實質。

7.3.9 部分意匠之分割申請

　　將被認定爲一意匠之全體意匠或部分意匠分割，應不被認定爲適法之分割申請。除下述外，部分意匠之分割申請準用全體意匠之審查基準。

　　將不符合一意匠一申請之二以上要註冊之部分分割，分割之子意匠仍保留原意匠中要註冊之部分中之一部分，而被認定爲部分意匠者，該部分意匠得援用原意匠之申請日。但若分割之子意匠改爲全體意匠者，例如將原本要註冊之部分改爲零件之全體意匠，則不得援用原意匠之申請日。

7.3.10 改請爲部分意匠

　　特許或實用新案申請案改請爲新的部分意匠申請案，若說明書及圖面已明確揭露該部分意匠，且改請前後之內容相同者，改請後新的部分意匠申請案得援用原特許或實用新案之申請日。部分意匠之改請申請準用全體意匠之審查基準。

 7.3.11 主張國際優先權之部分意匠

在日本主張巴黎公約優先權之部分意匠申請案,與第一國申請之部分意匠基礎案相同者,應認可其主張巴黎公約優先權之效果。除下述外,部分意匠有關巴黎公約優先權之審查,準用全體意匠之審查基準。

屬於下列情事者,不得認可其主張巴黎公約優先權之效果:

1. 在第一國係全體意匠申請案,在日本之申請案為該全體意匠之一部分的部分意匠申請案者。
2. 在第一國係部分意匠申請案,在日本之部分意匠申請案之要註冊之部分中外加了第一國申請案未包含之內容,或未包含第一國申請案之內容的一部分者。
3. 在第一國係部分意匠之複數申請案,在日本之申請案為將其組合之部分意匠申請案者。
4. 在第一國係部分意匠申請案,在日本之申請案為將其中之其他部分之虛線變更為實線之全體意匠申請案者。

 7.4 各國有關部分設計之法規

除美國法制早已保護部分設計外,自日本意匠法導入部分意匠制度後,韓國、歐洲聯盟及英國亦於2001年導入部分設計制度。本小節係介紹美國等有關部分設計之法規。

 7.4.1 美國

1871年美國最高法院所審理之Gorham Co. v. White案[15]中之專利「應用在餐匙及叉子握柄之設計」係美國專利商標局於1861年7月

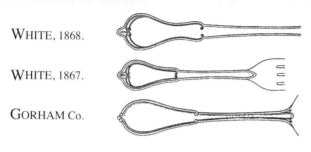

圖7-25 Gorham案之設計專利圖面

16日授予Gorham，嗣後與White發生侵權事件之設計。其申請圖面僅揭露應用在餐具握柄部分之設計，並未揭露握柄前端之功能性設計部分，亦即該專利權之範圍爲應用於餐具之握柄部分的設計，其限制條件不包括餐具前端叉狀或碗狀之功能性設計部分，請參考**圖7-25**。

美國專利法並未明文規定得授予部分設計（Portion Design）專利，僅在美國專利審查作業手冊（Manual of Patent Examination Procedure，以下簡稱MPEP）1502「設計之定義」中規定：「設計專利申請案中所請求的專利標的係施予或應用於製造品（或其一部分）之設計，而非物品本身。」並指出：「35 U.S.C. 171所指者並非物品的設計，而係用於物品的設計，其包含所有表面裝飾及商品表面構成的裝飾設計。In re Zahn, 617 F.2d 261,204 USPQ 988 (CCPA 1980).[16]」

前述之Zahn案中，申請人係於1976年9月提出「應用於鑽頭之鑽柄」設計專利申請案，申請圖面中僅將要申請專利之鑽柄部分以實線繪製，而鑽頭前端之麻花形部分則以虛線繪製，參照下圖。申請專利範圍記載：「如圖所示及所述應用於鑽頭上段鑽柄之裝飾設計。」且說明書中記載：「圖面中所示被切斷而不存在之鑽頭部分……並不構成所申請之鑽柄設計之一部分……」，基於以上所

述，申請專利之標的爲鑽頭之鑽柄部分的設計，而非鑽頭整體的設計，請參考**圖7-26**。

圖7-26　應用於鑽頭之鑽柄案

D257511設計專利 "Drill tool or the like"

審查人員及專利與衝突訴願委員會（Board of Patent Appeal & Interferences）認爲：專利法所規定應用於物品之設計與物品之設計並無區別，申請標的必須是製造品整體之設計或可分離之製造品的設計，由於鑽柄與其前端之麻花形部分不能分離，不符合專利法第171條之規定。

申請人不服，向美國關稅及專利訴願法院（Court of Customs and Patent Appeals）提起上訴，上訴理由爲：依Blum[17]案之判決，圖面所揭露製造品之一部分係可被施予物品之設計，而另一部分無法被施予該物品者稱爲「環境」，亦即Blum案已確認「一個新穎之設計得存在於製造品之一部分」。

法院認爲：上訴人已明確表達其創作的實質內容，而專利商標局核駁該申請的理由「申請設計專利之標的必須是製造品，至少必須是可分離之零件」不符合第171條之規定。設計專利保護的標的是應用於製造品之設計，亦即該設計得應用於所有製造品。依第171條之規定，設計專利係保護「應用於物品之設計」，而非「物品之設計」；授予專利之標的是「設計」，而非「物品」。法律規定設計必須施予物品，但未規定必須施予一個完整物品或可分離之物品。因此，同意上訴人之主張，撤銷訴願委員會之決定。

此外，在MPEP 1503.02 III.「虛線」尚說明：虛線（包括鏈

線，以下同）最普通的兩種用途為揭露設計專利標的有關之環境及特定申請專利範圍之邊界。雖然構造並非設計專利標的的一部分，但須要表示設計所關聯的環境時，得以虛線將其表現在圖面上。這種作法也適用於施予或應用於物品上任何非屬設計專利標的之一部分之部位的設計（Any Portion of Article）。虛線的表示僅作為圖示說明，並非構成設計專利標的的一部分或特定的實施例。若輪廓線並不構成設計專利標的的一部分，得以虛線表示之。當表現在物品上的設計輪廓實際上不存在時，申請人得選擇以虛線定義設計所表現物品的邊界。其被理解為所申請的設計延伸至該輪廓，但不包括該輪廓。……虛線不得用來顯示物品之設計不甚重要的部位……。虛線並非用來呈現無法看穿不透明材料而被隱匿的平面及表面。虛線是用來顯示以虛線描出且不構成設計之一部分的環境構造或物品部位，而非顯示設計相對重要的部分[18]。請參考**圖7-27**。

　　MPEP 1504.01(a)「電腦產生的圖像ICON」中另外規定：若圖面未以實線或虛線，描述電腦產生的圖像表現在電腦螢幕、終端機、其他顯示面板或其部分者，以不符合製造品之規定的37 U.S.C. 171核駁設計專利標的[19]。理由在於：電腦產生的圖像，例如由整個

(a)D435216設計專利 "Bottle"
（虛線顯示物品部位）

圖7-27　以虛線顯示設計專利標的的一部分或特定部分

(b)D452625設計專利 "Surface pattern for use on furniture"
（虛線顯示環境結結構）

(c)D271652設計專利 "Acid-etched pattern for glassware"
（虛線顯示申請專利範圍之邊界）

（續）圖7-27　以虛線顯示設計專利標的的一部分或特定部分

螢幕顯示及單獨的圖像，為單純的表面裝飾，具有二維空間的形象。……欲取得專利的設計不得脫離其所應用之物品，僅以表面裝飾計劃單獨存在，電腦產生的圖像應表現在電腦螢幕、終端機、其他顯示面板或其部分，以符合35 U.S.C. 171[20]。因此，若申請設計專利之標的僅為電腦產生的圖像，為符合製造品之規定，實務上係以虛線表現該圖像所依附之電腦螢幕、終端機、其他顯示面板等「物品」，而虛線部分係不構成設計之一部分的環境構造或物品部位，如圖7-28。

　　基於前述虛線用途之相關說明，部分設計之申請圖面中至少必須包含實線與虛線兩種。虛線是用來顯示不構成設計之一部分的環境構造或物品部位，以及特定申請專利範圍之邊界，而這兩種用途

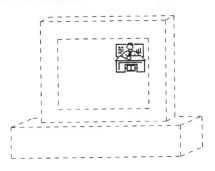

D392258設計專利 "Icon for a display screen"
圖7-28　電腦產生的圖像ICON例

均與部分設計之申請有關，影響所及甚至包括由整個螢幕顯示之設
計及電腦產生之單獨圖像設計。

7.4.2 歐洲聯盟

歐洲議會於2001年12月21日完成歐洲聯盟設計法之立法，明文
規定保護產品之全部或一部分外觀，其第3條「定義」中：設計，指
產品之整體或部分（the whole or a part of）外觀，特別是出自於產品
本身的線條、輪廓、色彩、形狀、材質及／或材料，及／或其裝飾[21]。

7.4.3 英國

英國1949年註冊設計法（Registered Designs Act, RDA）第
44條「釋義」中明定：「物品」係指任何製造品並包括物品的任
何部分，若該部分係各自獨立製造並販賣者[22]。在Sifam Electrical
Instrument Co. Ltd v. Sangamo Weston Ltd (1973) RPC 899, P.913案中
法院必須判決電流計的面板是否可以註冊為設計。法院認為：「第
44條中『若該部分係各自獨立製造、販賣者』……確認了元件必須
被製造並被販賣兩者皆具備，始為正確的解釋，其不同於元件所

253

組成之整個物品的製造、販賣。」並認為：「……（物品之一部分）可能的分界線或許畫在元件的可拆卸分離與不可拆卸分離之間……」[23]。準此，英國在2001年修法前所認定之部分設計僅侷限於物品中得拆卸分離之元件的設計，請參考**圖7-29**。

申請案號：2099576；設計名稱 "Trowel"

圖面註記：The novelty resides in the shape, configuration, pattern or ornament of that part of the article colored in blue in these representations.

圖7-29　物品中得拆卸分離之元件的設計圖例

英國1949年註冊設計法經修正後已於 2001年12月9日起開始實施，此次修法之目的是配合歐盟指令98EC（European Design Directive）之規定，使其立法與歐洲經濟領域中對註冊設計之要求一致。其中，第3條「定義」中，明文規定：「保護產品之全部或一部分外觀：(a)設計，指產品之整體或部分外觀，特別是出自於產品本身的線條、輪廓、色彩、形狀、材質或材料，或其裝飾[24]。」

7.4.4 韓國

韓國2001年2月3日修正之設計法導入部分設計制度，其第2條「定義」規定：「本法所用之名詞定義如下：「設計」係指物品上之形狀、花紋、色彩或其結合（包含物品之一部分，除第12條外，以下同），其產生視覺的美感印象[25]。」

7.5 日本部分意匠與美國部分設計之比較

　　美國專利法並未明定部分設計制度，僅在MPEP 1502中賦予部分設計之定義，並在1503.02 III.「虛線」中說明申請部分設計，圖面之表現方式。對於部分設計之實體要件，專利法及MPEP並未明確規定，僅能就MPEP相關規定或核准之案例，推論部分設計之實體要件與日本部分意匠之異同。

　　日本部分意匠與美國部分設計有許多申請或審查上之差異，概述如下：

7.5.1 物品名稱

　　由於日本意匠法所規定之意匠必須是物品之形態創作，物品與形態係一整體不可分離，意匠權範圍僅及於相同或近似物品之相同或近似形態。部分意匠物品名稱所指之物品為意匠權之客體，指定之物品名稱必須為要註冊之部分結合其他部分所構成之物品。

　　美國設計名稱應以一般公知或公眾所使用的名稱，指定申請之設計所表現之物品，但其不能作為界定（Define）申請專利範圍之依據，見MPEP§1504.04, I.A.。設計名稱得指向表現該設計的整體物品，若在圖面上以實線表示所申請之設計，則得指向該物品之部位。但是設計名稱不得指向比在圖面上以實線表示所請求之設計來得少之部分[26]。

7.5.2 申請書之文字說明

　　日本意匠申請書之說明分為四欄，得就部分意匠之物品及形態完整說明，在判斷部分意匠之物品及形態時，得綜合文字記載及圖

面揭露之內容，予以判斷。

美國設計專利之說明除圖面說明外，僅允許下列形式之陳述：

1. 說明申請之設計中圖面未揭露部位的外觀。若提出此說明，必須是原申請之設計內容，不得在取得申請日之後經由修正而另加，因為會被認為是新事項。

2. 說明放棄未表現在圖面上且不構成申請專利之設計之一部分的物品部位。

3. 說明圖面中虛線之目的，例如不構成申請專利之設計之一部分的環境構造及邊界。

4. 說明其性質及環境用途，若未依37 CFR 1.154及MPEP § 1503.01 I.於前言中記載申請專利之設計的性質及環境用途者。

7.5.3 必要之圖面

日本意匠審查基準規定具體意匠之圖面必須有「一組圖面」，雖然允許以立體圖替代正投影圖，但仍須揭露六個視面之圖形或以文字說明之。

申請美國設計專利，圖面之揭露僅須達到明確且充分揭露之程度即足。實務上圖面大多以立體圖或單一視圖呈現，甚少如日本意匠之申請有完整之六面視圖，故兩國在審查上有許多差異。

7.5.4 表現部分設計之線條

日本並未強制規定部分意匠圖面之表現必須以實線搭配虛線，只要圖面之表現與意匠說明欄之記載一致即足。

美國MPEP規定，部分設計必須以實線表現申請部分設計專利

之部分，虛線表現環境或邊界。

　　圖7-30(a)立體圖中之虛線係表現環境構造；**圖7-30(b)**單一視圖中之虛線係表現物品部位：

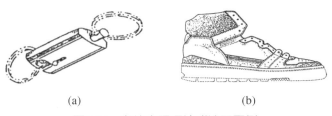

(a)　　　　　　　　　　　　　　(b)

圖7-30　虛線表現環境或邊界圖例

7.5.5 表現邊界之線條及外圍輪廓

　　日本及美國對於邊界線均未強制規定必須以虛線或鏈線表現，亦未強制規定必須以幾何形為外圍輪廓。但實務上美國得允許出現虛線或鏈線之幾何形或非幾何形。

　　圖7-31(a)之一點鏈線構成之方形係表現部分意匠之邊界；**圖7-31(b)**之一點鏈線構成之方形係表現部分設計之邊界核准例；**圖7-31(c)**之虛線構成之隨意形亦係表現部分設計之邊界核准例：

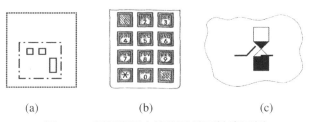

(a)　　　　　　　　　　(b)　　　　　　　　　(c)

圖7-31　表現邊界之線條及外圍輪廓圖例

7.5.6 分界指示線

日本部分意匠中要註冊之部分與其他部分之分界必須明確，一條線分爲實線及虛線兩段，而兩者之間無任何分界指示線予以明確區隔者，應認定爲不明確。

美國並無特別規定，部分設計得爲任何幾何線條的一部分，且無須分界指示線。

圖**7-32(a)**爲部分意匠申請指南中明示明確之例；圖**7-32(b)**爲部分意匠不明確之例；圖**7-32(c)**爲部分設計核准例：

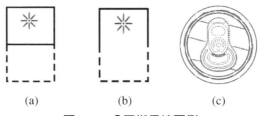

(a)　　　　　　(b)　　　　　　(c)

圖7-32　分界指示線圖例

7.5.7 未申請專利之部分的表現程度

日本意匠審查基準規定部分意匠之要註冊之部分及其他部分之形態均須明確，且要註冊之部分在全體形態中之位置、大小、範圍亦須明確。美國未特別規定，實務上在虛線輪廓範圍內得爲空白。
圖**7-33(a)**爲部分意匠申請指南中明示爲不明確之例；圖**7-33(b)**爲該指南中明示爲明確之例；圖**7-33(c)**爲部分設計核准例：

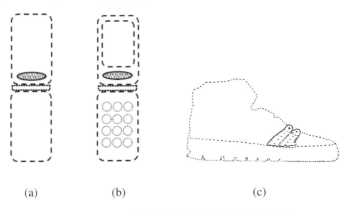

(a)　　　　　(b)　　　　　　　　(c)

圖7-33　未申請專利之部分的表現程度圖例

7.5.8 申請專利之部分僅為花紋

　　日本意匠法保護之對象爲物品外觀之形態，脫離物品之花紋不爲意匠法所保護，故不得申請單獨花紋標的之意匠。

　　美國專利法第171條規定之標的爲「用於製造品（design for an article of manufacture）之……設計」，設計專利申請案所請求的專利標的係表現在（embodied in）或應用在（applied to）製造品或其部位的設計[27]。

　　圖**7-34(a)**爲部分意匠申請指南中明示爲不得申請之例；圖**7-34(b)**爲部分設計核准例：

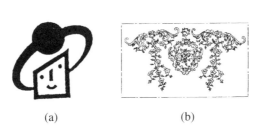

(a)　　　　　　　　　(b)

圖7-34　申請專利之部分僅爲花紋圖例

7.5.9 佔據一定範圍

日本意匠審查基準明定部分意匠中要註冊之部分必須在全體形態中佔據一定範圍,亦即該部分在全體形態中包含一個封閉區域。

美國未特別規定,實務上申請專利之部分無須構成一個封閉區域,或構成之封閉區域內尚得以虛線主張其非屬申請專利之部分。

圖7-35(a)係部分意匠審查基準明示未佔據一定範圍之例;圖7-35(b)及圖7-35(c)係部分設計核准例:

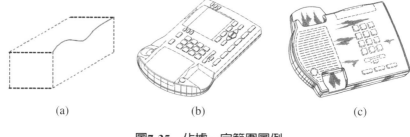

(a)　　　　　　　　　　(b)　　　　　　　　　　(c)

圖7-35　佔據一定範圍圖例

7.5.10 能作為比對之對象

日本部分意匠審查基準明定要註冊之部分所佔據一定範圍內之意匠尚必須能與其他意匠比對。

美國未特別規定,實務上申請專利之部分得為不同線條之一部分所構成之組合。

圖7-36(a)部分意匠中要註冊之部分所佔據之範圍並非一完整之區域,無法作為比對之對象;圖7-36(b)係由四組曲線之部分構成之部分設計核准例:

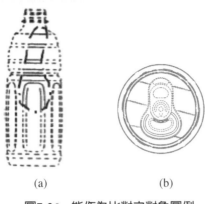

(a)　　　　　　　　　　(b)

圖**7-36**　能作為比對之對象圖例

🖉 **7.5.11** 擬制喪失新穎性與連續申請案制度

日本意匠法第3條之2規定：申請之意匠與其申請前已提出申請，而在其申請後……始在意匠公報登載之意匠的一部分相同或近似者，不得准予註冊。

美國專利法第120條規定，連續申請案等制度得援用原申請日。

意匠基準明示**圖7-37(a)**為先申請，得據以核駁**圖7-37(b)**之部分意匠；**圖7-38(a)**及**圖7-38(b)**係**圖7-38(c)**之部分設計連續申請案核准例：

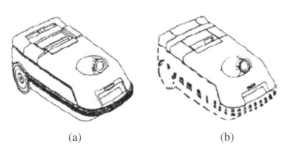

(a)　　　　　　　　　　(b)

圖**7-37**　擬制喪失新穎性與連續申請案制度圖例一

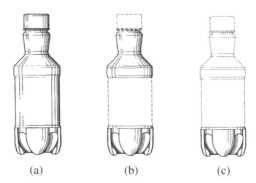

(a)　　　　　　(b)　　　　　　(c)

圖7-38　擬制喪失新穎性與連續申請案制度圖例二

🎯 7.5.12 得視為一意匠者

　　日本意匠審查基準明定得被視為一意匠之情況包括具形態一體及具功能一體性兩種。

　　美國未特別規定，實務上申請專利之部分得為屬於一設計概念下不同部分所構成之組合。

　　圖7-39(a)為具形態一體性之部分意匠，**圖7-39(b)**為具功能一體性之部分意匠；**圖7-39(c)**、**圖7-39(d)**兩圖均為部分設計核准例：

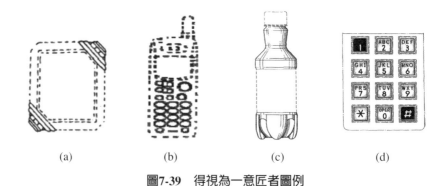

(a)　　　　　　(b)　　　　　　(c)　　　　　　(d)

圖7-39　得視為一意匠者圖例

7.6 導入部分新式樣制度之可行性及調整

除美國法制早已保護部分設計外,日本於1999年、歐洲議會及韓國於2001年亦導入部分設計制度。順應此股世界趨勢,我國導入部分設計保護制度已勢在必行。

7.6.1 導入部分新式樣制度之可行性說明

日本於1999年修正意匠法第2條第1項,增加「含物品之一部分,第8條除外,以下同」之文字,導入部分意匠制度,而將原本僅保護物品整體外觀之形狀、花紋、色彩或其結合之範圍擴大,一併保護意匠之部分形態。

參照日本、韓國及歐洲議會之經驗,均係在設計之定義上著手,藉加上「含物品之一部分」或類似之文字,修正設計之定義,而將原本僅保護物品外觀整體設計的範圍擴大至得保護物品之部分設計。我國專利法第109條第1項:「新式樣,指對物品之形狀、花紋、色彩或其結合,透過視覺訴求之創作。」內容與日本意匠法於1999年修正前之第2條雷同。此外,在新式樣專利審查概念方面與日本意匠亦可謂大同小異。參酌前述各國經驗,修正專利法第109條第1項規定,在法理上應為可行之途徑。

7.6.2 新式樣定義之調整

若修正專利法第109條第1項,從專利法層次導入部分新式樣制度,尚須在審查基準中規範部分新式樣之實質內容及成立條件。

7.6.2.1 部分新式樣之認定

由於專利法第119條第2項：「以新式樣申請專利，應指定所施予新式樣之物品。」及第123條第1項：「新式樣專利權人就其指定新式樣所施予之物品……專有排除他人未經其同意製造……該新式樣及近似新式樣專利物品之權。」新式樣專利權範圍涵蓋相同或近似物品之相同或近似設計。參酌日本部分意匠審查基準，部分新式樣之實質內容應依下列四項予以認定：

1.部分新式樣所施予之物品。
2.申請專利之部分的用途及功能。
3.申請專利之部分的位置、大小、範圍。
4.申請專利之部分的設計（即形狀、花紋、色彩或其結合）。

7.6.2.2 得作為部分新式樣標的者

部分新式樣之意義為「物品之一部分設計」，申請專利之設計中，得作為部分新式樣標的者必須符合下列所有條件：

1.部分新式樣所屬之物品必須為能獨立交易之有體物。
2.部分新式樣必須在物品整體中佔據一定範圍之部分設計。
3.部分新式樣在所屬之物品中必須能為與其他意匠比對之對象。

此外，現行得申請新式樣專利之物品的範圍過寬，無論完成品、完成品之零組件、甚至半成品等均不限制，例如檯燈、檯燈之燈罩、甚至檯燈之燈架均得為申請專利之標的。由於導入部分新式樣制度後半成品及零組件均得為部分新式樣中申請專利之部分，故應導正得指定為新式樣物品的範圍，而以國際工業設計分類為準，限制半成品或零組件不得為新式樣物品。

7.6.3 申請方面之調整

　　部分新式樣之意義為「物品之一部分設計」，而非「一部分物品」或「物品之一部分」，故指定之物品名稱必須為能獨立交易之有體物，例如部分新式樣申請專利之部分為照相機之鏡頭者，物品名稱應為「照相機」，而非「照相機之一部分」或「照相機之鏡頭」或「鏡頭」。

　　申請部分新式樣專利，申請圖面應揭露兩部分，實線部分為「申請專利之部分」虛線（或鏈線）部分為其他部分。其他部分的作用為特定申請專利之部分，並非申請專利標的之一部分。有關實線、虛線（或鏈線）之表現及其作用宜在專利法施行細則、審查基準或創作說明中予以規定或說明。

7.6.4 審查方面之調整

　　以下分別針對：(1)揭露要件；(2)新穎性、擬制喪失新穎性及創作性；(3)先申請原則及聯合新式樣定義；(4)優先權及補充、修正圖說；(5)有關部分新式樣認定之其他事項等進行說明。

7.6.4.1 揭露要件

　　為符合明確揭露之要件，不僅申請專利之部分及其他部分須明確，且申請專利之部分在全體設計中之相關位置、常識上之大小、面積比例等均須明確，而其他部分必須表現必要之構成要素。

7.6.4.2 新穎性、擬制喪失新穎性及創作性

　　在新穎性及創作性審查方面，應以申請日前已公開或公告之先前技藝是否揭露申請專利之部分新式樣，據以認定是否具新穎性或創作性。若先前技藝揭露部分新式樣中申請專利之部分，即只要

申請專利之部分與先前技藝中相對應之部分的用途、功能及設計相同或近似，則應認定該部分新式樣不具新穎性。至於創作性審查，亦係就部分新式樣中申請專利之部分與先前技藝相對應之部分審查之。

1999年日本導入部分意匠時，連帶增列意匠法第3條之2之規定。依「平成10年修正意匠法　意匠審查之運用基準」，該條之立法目的在於排除先申請全體意匠後申請該全體意匠之一部分的部分意匠，兩者之間有重複專利之情形。在實務操作上，前述兩意匠同日申請，或先申請部分意匠後申請全體意匠者，均無違反該條及先申請原則之規定。準此，先申請全體意匠後申請部分意匠認定重複專利；先申請部分意匠後申請全體意匠認定無重複專利，邏輯矛盾不通。因此，導入部分新式樣制度時，似不宜連帶導入該條規定。

若導入部分新式樣制度並維持專利法第111條擬制喪失新穎性之規定，即使先申請全體意匠後申請部分意匠，後者相對於前者之保護範圍更寬廣，惟先申請者仍未公開，原本即為法理上所允許，不至於產生弊病，故仍得沿用現行擬制喪失新穎性，並準用前述新穎性審查之說明。

7.6.4.3 先申請原則及聯合新式樣定義

雖然專利法第118條先申請原則適用於「相同或近似之新式樣」，第109條第2項聯合新式樣適用於「構成近似者」，第110條第1項適用於「相同或近似之新式樣」，三者所適用之新式樣均及於近似範圍，惟前二者比對對象均為申請專利之新式樣，而後者比對對象為先前技藝與申請專利之新式樣。

部分新式樣之審查，對於新穎性，係審查先前技藝中包括實線、虛線之整體是否揭露申請專利之部分新式樣；對於先申請原則或是否符合聯合新式樣定義，係審查相關的申請專利之部分新式樣

之間是否相同或近似，亦即部分新式樣與部分新式樣之間、全體新式樣與全體新式樣之間始可能構成相同或近似，部分新式樣與全體新式樣不生相同或近似之問題。

7.6.4.4 優先權及補充、修正圖說

由於美國、日本及歐盟設計均有部分設計制度，為與國際接軌，我國現行新式樣審查基準對於在外國第一次申請之部分設計申請案認可其優先權主張之態樣，及對於以外國之部分設計申請案作為申請文本嗣後允許其補充、修正圖說之態樣，均作相當程度之放寬。若導入部分新式樣制度後，對於優先權及補充、修正圖說之審查基準，均應回歸正軌。

優先權審查，僅限於申請專利之部分新式樣與外國第一次申請之部分設計相同，始得認可其優先權主張。相同之認定，準用**7.6.4.3 先申請原則及聯合新式樣定義**中之說明。若未開放組物意匠或多元申請制度的情況下，則不認可複數優先權及部分優先權之主張。

補充、修正圖說之審查，對於是否超出該意匠所屬之技藝領域中具有通常知識者能直接且無歧異得知之相同範圍的判斷，準用前述**7.6.4.3 先申請原則及聯合新式樣定義**中之說明；對於將原新式樣揭露不明確之內容修正為明確者，應認定為超出原圖說所揭露之範圍。

7.6.4.5 有關部分新式樣認定之其他事項

依新式樣實體審查基準內容，除**7.6.2.1 部分新式樣之認定**中之說明外，對於部分新式樣之認定，尚有兩點必須釐清：

1. **新穎特徵**：導入部分新式樣制度，無論完成品、半成品或零組件，均得作為部分新式樣標的。申請人得依自己的選擇，主張申請專利之新式樣範圍，故圖說中之記載係申請人的責

任。準此，申請專利之新式樣範圍中每一部分均重要，而無主要或次要之區分。因此，新穎特徵及要部之概念必須調整或廢除，充其量僅能說「容易看見的部分相對影響較大」、「習見形態相對影響較小」。

2. **功能性特徵**：認定新式樣之實質內容時，對於圖說中之實線部分均應視爲屬於裝飾性特徵，審查時，無須刻意區分裝飾性特徵或功能性特徵。若申請人以文字說明某實線部分爲功能性特徵者，則應通知刪除之。

7.6.5 新式樣專利權範圍之侵害判斷的調整

雖然專利權範圍之解釋及侵害判斷係法院之權責，但導入部分新式樣制度後，近似新式樣之審查仍應與新式樣專利權範圍之近似判斷有一貫性。

申請專利之新式樣範圍的解釋宜準用**7.6.2.1 部分新式樣之認定**中之說明。

如前述，導入部分新式樣制度後，已無適用新穎特徵及要部概念之空間，宜刪除有關新穎特徵之判斷步驟。

至於有關功能性特徵之判斷，在訴訟程序中專利權人不得主張功能性特徵而擴大申請專利之新式樣範圍，但被告得主張申請專利之新式樣中包含功能性特徵，並主張雖然系爭對象與專利權整體比對結果被認定爲近似，但使兩者近似之特徵包括功能性特徵，據以阻卻被判斷爲近似之結果。

保護部分設計係世界潮流，我國導入部分新式樣制度已勢在必行。雖然在專利法層面，導入部分新式樣制度僅須修正第109條第1項新式樣之定義，惟在申請、審查層面，可能牽動的範圍相當廣泛，影響所及涵蓋圖說之撰寫、圖面之表現、申請專利之新式樣範

圍的認定、近似認定及聯合新式樣之判斷等，甚至影響新式樣專利
權範圍之侵害判斷。

　　美國、日本、歐盟設計等先進國家或地區已開放部分設計之保
護，在產業殷切之祈盼下，新式樣專利導入部分新式樣制度之時機
已迫在眉睫。本章簡單介紹日本部分意匠之相關規定，希望有助於
我國儘早導入部分新式樣制度。

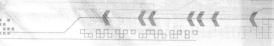
註　釋

[1] 我國專利法中之「新式樣」，在歐美國家稱「設計」，在日本稱「意匠」，本文仍依原本之名稱。

[2] 日本特許廳（2002）。「意匠審查基準」，21.1.1.1被認定為物品。

[3] 日本特許廳（2002）。「意匠審查基準」，71.1何謂部分意匠。

[4] 日本特許廳（2002）。「意匠審查基準」，71.8組物意匠之部分意匠。

[5] 日本意匠法（大正10年版）第8條規定：意匠權人專有實施註冊意匠有關之物品之權；第26條規定：凡實施與註冊意匠有關之物品同一或近似之物品屬侵害。

[6] 高田忠。《意匠》。頁31

[7] 日本意匠法（平成11年版）第23條：「意匠權人，專有於營業上實施註冊意匠及其近似意匠之權利。但就其意匠權設定專屬實施權者，對於專屬實施權人專有實施其註冊意匠及其近似意匠之權利，不在此限。」

[8] 日本特許廳（2002），「意匠審查基準」，22.1.3.1「公開意匠與全體意匠之異同判斷」：公開意匠與全體意匠屬於下列所有情事者，兩意匠為近似：(1)公開意匠之意匠物品與全體意匠之意匠物品的用途及機能相同或近似者；(2)各意匠之形態相同或近似者。

[9] 日本特許廳（2002），「意匠審查基準」，71.4.1.1.1「被認定為物品者」。

[10] 日本特許廳（2002），「意匠審查基準」，21.1.1.1「能被認定為物品者」。

[11] 日本特許廳（2002），「意匠審查基準」，名詞釋義：「先申請之開示意匠，指先申請案之申請書中所揭露屬於意匠物品欄內所載物品的形態為開示意匠。」

[12] 日本特許廳（2002），「意匠審查基準」，24.1.3.2「申請之意匠為部分意匠者」。意指若先申請意匠為部分意匠者，則其開示意匠為要註冊之部分與其他部分之結合。

[13] 日本特許廳（2002），「意匠審查基準」，24.1.4「意匠之一部分」。

[14] 日本特許廳（2002），「意匠審查基準」，61.1.1「屬於意匠法第9條第1項或第2項規定所適用之對象之申請」。

[15] Gorham Co. v. White, 81 U.S. (14 Wall.) 511 (1871).

[16] The Manual of Patent Examining Procedure 1502 Definition of a Design：In a design patent application, the subject matter which is claimed is the design embodied in or applied to an article of manufacture (or portion thereof) and not the article itself. Ex parte Cady, 1916 C.D. 62, 232 O.G. 621 (Comm'r Pat. 1916)." [35 U.S.C.] 171 refers, not to the design of an article, but to the design for an article, and is inclusive of ornamental designs of all kinds including surface ornamentation as well as configuration of goods." In re Zahn, 617 F.2d 261, 204 USPQ 988 (CCPA 1980).

[17] In re Blum, 54 C.C.P.A. 374 F.2d 904, 153 USPQ 177 (1967).

[18] The Manual of Patent Examining Procedure 1503.02 III. broken lines: The two most common uses of broken lines are to disclose the environment related to the claimed design and to define the bounds of the claim. Structure that is not part of the claimed design, but is considered necessary to show the environment in which the design is associated, may be represented in the drawing by broken lines. This includes any portion of an article in which the design is embodied or applied to that is not considered part of the claimed design. In re Zahn, 617 F.2d 261, 204 USPQ 988 (CCPA 1980). ...However, broken lines are not permitted for the purpose of indicating that a portion of an article is of less importance in the design. In re Blum, 374 F.2d 904, 153 USPQ 177 (CCPA 1967). Broken lines may not be used to show hidden planes and surfaces which cannot be seen through opaque materials. The use of broken lines indicates that the environmental structure or the portion of the article depicted in broken lines forms no part of the design, and is not to indicate the relative importance of parts of a design.

[19] The Manual of Patent Examining Procedure 1504.01 (a) I. B. (B): If the drawing does not depict a computer generated icon embodied in a computer screen, monitor, other display panel, or a portion thereof, in either solid or broken lines, reject the claimed design under 35 U.S.C. 171 for failing to comply with the article of manufacture requirement.

[20] The Manual of Patent Examining Procedure 1504.01 (a) I. A. Computer-Generated Icons: Computer-generated icons, such as full screen displays and individual icons, are 2-dimensional images which alone are surface ornamentation. Since a patentable design is inseparable from the object to which it is applied and cannot exist alone merely as a scheme of surface

ornamentation, a computer-generated icon must be embodied in a computer screen, monitor, other display panel, or portion thereof, to satisfy 35 U.S.C. 171.

[21] COUNCIL REGULATION (EC) No 6/2002 of 12 December 2001 on Community designs Article 3 Definitions: For the purposes of this Regulation: (a) "design" means the appearance of the whole or a part of a product resulting from the features of, in particular, the lines, contours, colours, shape, texture and / or materials of the product itself and / or its ornamentation. ...

[22] The Registered Designs Act(Britain) 1949 As amended by the Registered Design Regulations 2001, Section 44 Interpretation "article" means any article of manufacture and includes any part of an article if that part is made and sold separately. ...

[23] Christopher Tootal, The Law of Industrial Design, May 1990, United Kingdom, pp.14-15.

[24] The Registered Designs Act(Britain) 1949 As amended by the Registered Design Regulations 2001,Registration of designs 1.-- (2) In this Act "design" means the appearance of the whole or a part of a product resulting from the features of, in particular, the lines, contours, colours, shape, texture or materials of the product or its ornamentation.

[25] DESIGN LAW(Korea), 2001, Article 2 [Definitions] The definitions of the terms used in this Law shall be as follows: (i) "design" means the shape, pattern, or color, or a combination of these in an article (including part of an article, hereinafter the same except where Article 12 applies) which produces an aesthetic impression in the sense of sight. ...

[26] The Manual of Patent Examining Procedure 1503.01.I PREAMBLE AND TITLE：

[27] The Manual of Patent Examining Procedure 1502 Definition of a Design: In a design patent application, the subject matter which is claimed is the design embodied in or applied to an article of manufacture (or portion thereof) and not the article itself.

Design Patent

第 8 章
日本電子顯示意匠之申請及審查

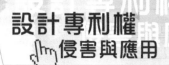
　　日本國會於平成11年（西元1999年）通過日本意匠法部分修正案（2001年1月6日實施），修正重點包括導入部分意匠制度、創設關連意匠制度及廢除類似意匠制度等。導入部分意匠制度後，特許廳爰於2004年發布「意匠註冊申請之申請書及圖面記載指南」（以下簡稱申請指南），放寬意匠之定義，將意匠形態的範圍涵蓋液晶顯示意匠，申請指南第7章〈有關液晶顯示等之指南〉（全體意匠篇）及第10章〈有關液晶顯示等之指南〉（部分意匠篇）係規範有關液晶顯示意匠之申請。

　　本章主要係介紹日本液晶顯示意匠申請指南（除另有標示或說明者外，本章中所揭露之圖面皆出自於日本特許廳於2004年發布之「意匠註冊申請之申請書及圖面記載指南」），並簡單比較美國有關電腦產生的圖像與日本液晶顯示意匠之差異，最後就我國於導入部分新式樣制度[1]時，連帶放寬新式樣專利有關形狀、花紋、色彩之定義以擴及電子顯示新式樣[2]之保護等，提出筆者個人拙見。

8.1 電子顯示意匠之意義

　　電子顯示意匠（或電子顯示設計、電子顯示新式樣），指物品以其本身之顯示功能，透過液晶、發光二極體、電漿、螢光、電子發光等各種電子顯示方式，將其專屬之使用者界面（User Interface）或其圖像（ICON），顯示於電子顯示幕上之圖形設計。

　　日本最新的2002年「意匠審查基準」中未提及液晶顯示意匠，惟該審查基準名詞釋義之「部分使用之省略記載」中指出：「形態」，指形狀、花紋、色彩或其結合。但未進一步說明電子顯示圖形是否被視為花紋[3]。

8.2 電子顯示圖形得爲意匠內容之要件

依申請指南，電子顯示圖形得爲意匠之內容（申請指南稱構成意匠之要素[4]）者，必須具備下列所有要件：

1.物品顯示幕顯示之圖形係實現該物品使用目的之全部或一部分所不可或缺者[5]。
2.物品顯示幕顯示之圖形係以該物品本身所具有之顯示功能予以顯示者。
3.物品顯示幕顯示之圖形有變化時，其變化態樣係特定者。

8.2.1 電子顯示圖形為實現物品使用目的者（要件**1**）

電子顯示圖形係實現該物品使用目的之全部所不可或缺者，係指未顯示該圖形，無法操作該物品以達成使用目的。例如電子顯示之手錶，其顯示圖形係實現時刻指示之使用目的之全部所不可或缺者。屬於這種情況之意匠申請，若未揭露電子顯示圖形，無法理解該意匠，故必須將該圖形揭露於申請圖面中之「必要圖」（如**圖8-1**及**圖8-2**）：

【意匠物品】座鐘

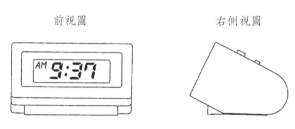

圖8-1 電子顯示圖形之必要圖例一

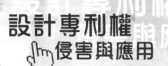

【意匠物品】溫渡計

前視圖　　　　　　　　　　　　表示-5℃點燈狀態之前視圖

圖8-2　電子顯示圖形之必要圖例二

　　若電子顯示圖形係實現物品所具備之複合功能之一，而為實現該物品使用目的之一部分所不可或缺者，但並非實現該物品使用目的之全部。例如附加馬錶功能之手錶，顯示馬錶計時之圖形僅顯示手錶之部分功能。屬於這種情況之意匠申請，申請人得依自己的意願，將電子顯示圖形作為申請意匠標的或標的之一部分，揭露於申請圖面中之「必要圖」（如**圖8-3**）。惟申請人亦得不將電子顯示圖形作為申請意匠標的，而將該圖形揭露於參考圖中，或完全不揭露該圖形。

【意匠物品】電動吸塵器本體
【意匠說明】俯視中央矩形部為液晶顯示幕，顯示灰塵積存的狀態

俯視圖　　　　　　　　　　　　　　　　前視圖

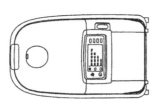
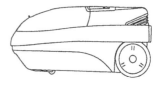

圖8-3　將電子顯示圖形作為申請意匠標的或標的之一部分圖例

　　此外，若電子顯示圖形並非實現該物品使用目的之全部或一部分所不可或缺者，例如攜帶式電子遊樂器、文字處理器等由非專屬

之套裝軟體所產生之電子顯示圖形，不得將該圖形作為申請意匠標的或標的之一部分，揭露於申請圖面中之「必要圖」，僅能將該圖形揭露於參考圖以明確揭露其顯示幕之位置等，或完全不揭露該圖形。

8.2.2 電子顯示圖形係以物品之顯示功能所顯示者（要件**2**）

電子顯示圖形以其所屬之物品本身所具有的顯示功能予以顯示者，係電子顯示圖形得為意匠之內容的要件2。若電子顯示圖形受物品外部訊號所支配，例如該圖形取決於外部傳播媒體所傳送之電子訊號而變化者，則不符合要件2之規定；但電源供應或使用者單純之操作，例如電源的on／off或利用遙控器遠距操作，均不屬外部支配。電子顯示圖形受外部訊號所支配者（如圖**8-4**）：

【意匠物品】攜帶式資訊終端機液晶顯示器

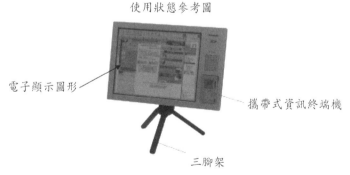

使用狀態參考圖

電子顯示圖形

攜帶式資訊終端機

三腳架

圖8-4 電子顯示圖形受外部訊號所支配者圖例

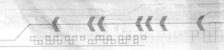
8.2.3 電子顯示圖形具有特定形態者（要件3）

電子顯示圖形有變化時，其變化態樣是特定者，係電子顯示圖形得為意匠之內容的要件3。依意匠法第6條第4項之規定，電子顯示圖形之變化，指該圖形依該物品本身所具有之功能而變化，包括圖形本身之變化及圖形位置之變化。電子顯示圖形之變化態樣是否特定，除變化前、後之形態必須特定外，且必須能辨識其前、後形態之關連性，始能認定其是特定者；若不能辨識其前、後形態之關連性，應認定非屬一意匠之申請。認定電子顯示圖形變化態樣是特定者（如圖8-5）；認定電子顯示圖形變化態樣並非特定者（如圖8-6）：

【意匠物品】行動電話
【意匠說明】以實線表現之部分屬部分意匠中要註冊之部分。
　　　　　　表現變化狀態之前視圖係選擇ICON後之變化狀態。

前視圖　　　　　　　　　表現變化狀態之前視圖

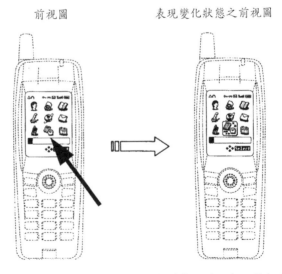

註：圖面中之兩箭頭係說明用，於申請意匠圖面中不得出現。

圖8-5　認定電子顯示圖形變化態樣是特定者圖例

【意匠物品】行動電話
【意匠說明】以實線表現之部分為部分意匠中要註冊之部分。
　　　　　　表現變化狀態之前視圖係選擇ICON後之變化狀態。

前視圖　　　　　　　　　表現變化狀態之前視圖

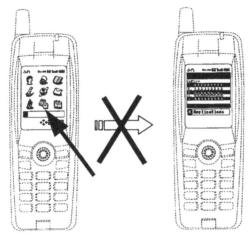

註：圖面中之兩箭頭及×符號係說明用，於申請意匠圖面中不得出現。

圖8-6　認定電子顯示圖形變化態樣並非特定者圖例

8.3 多功能顯示物品之電子顯示圖形的類型

　　物品之電子顯示圖形只要符合前述三項要件，得為意匠之內容。對於具多功能顯示之物品，日本意匠申請指南特別予以說明。具多功能顯示之物品，指其電子顯示幕能顯示其所具備之各種功能的物品，例如行動電話、個人數位助理機（Personal Digital Assistants, PDA）等。具多功能顯示之物品的電子顯示圖形屬於下列之類型，且符合前述要件2、3者，得為意匠之內容：

8.3.1 綜合顯示畫面

為實現具多功能顯示之物品所具備之各種功能,該類物品通常會有綜合顯示畫面之設計,例如個人數位助理機為顯示各種功能選項之首頁選單(menu)等使用者界面。若申請圖面不揭露該畫面,則無法明瞭申請意匠之物品所具備之所有功能,故該綜合顯示畫面應被認定為實現該物品之使用目的所不可或缺者(如圖8-7):

【意匠物品】個人數位助理機

立體圖

圖8-7　綜合顯示畫面圖例

8.3.2 具體顯示圖形

除綜合顯示畫面外,若申請圖面不揭露具多功能顯示之物品的具體顯示圖形,則無法明瞭申請意匠之物品所具備之該功能,故具體顯示圖形應被認定為實現該物品使用目的之一部分所不可或缺者:

1.為操作具演算處理內容、繪圖對象及以記號表現機器之功能者(ICON)(如圖8-8):

行動電話
上之ICON

圖8-8　行動電話上之ICON圖例

2.為顯示各種功能之狀態者，如電池殘留量顯示、接收電波狀
　態顯示、各種標準測定器顯示等。

　若電子顯示圖形並非實現其所屬之物品使用目的之全部或一部
分所不可或缺者，則該圖形不得為意匠之內容，其類型如下：

1.顯示畫面之背景（如視窗之桌面），其並非實現該物品之使
　用目的所不可或缺者。
2.對於不具特定用途而無特定顯示內容之機器，如監視器、筆
　記型電腦，若其顯示幕上之電子顯示圖形非專屬該機器創作
　之一部分，而為與該意匠無關之獨立創作者（如**圖8-9**），該
　圖形並非實現該物品之使用目的所不可或缺者。

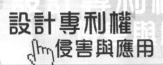

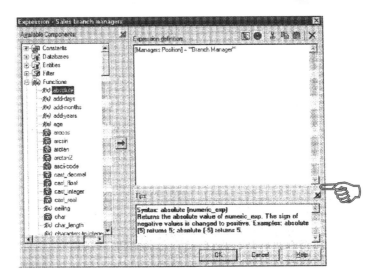

D492322設計專利〝User interface for a computer screen〞

圖8-9　該圖形並非實現該物品之使用目的所不可或缺者圖例

8.4 電子顯示意匠之申請

電子顯示意匠之申請準用一般意匠之申請基準，以下僅將電子顯示圖形揭露於圖面之有關事項予以說明。

8.4.1 電子顯示圖形揭露於必要圖

電子顯示圖形對於實現所屬之物品使用目的之全部係不可或缺者，或電子顯示圖形為申請人所欲申請意匠之標的者，必須將該圖形揭露於申請圖面中之「必要圖」。

8.4.1.1 通電狀態之揭露方式

申請電子顯示意匠，必須將經通電之電子顯示圖形揭露於「必要圖」，揭露之方式有二：

1.以六面視圖揭露未通電狀態之電子顯示幕外觀，並以「通電狀態圖」揭露經通電之電子顯示圖形（如**圖8-10**）：

【意匠物品】汽車用錄放音機

前視圖　　　　　　　　　　　　　　通電狀態前視圖

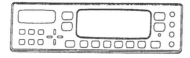 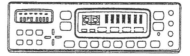

圖8-10　通電狀態之揭露方式圖例一

2.以六面視圖揭露通電狀態之物品外觀，若無法明確揭露電子顯示幕外觀（例如因混雜印刷圖形），必須另將其未通電之狀態揭露於「必要圖」（如**圖8-11**）：

【意匠物品】汽車用錄放音機

通電狀態前視圖　　　　　　　　　　　　前視圖

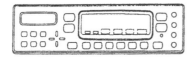 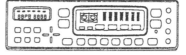

圖8-11　通電狀態之揭露方式圖例一

8.4.1.2 圖形有變化之揭露方式

電子顯示圖形有變化時，應以「必要圖」明確揭露其各種變化態樣（如**圖8-12**）。惟若以六面視圖即能明瞭電子顯示圖形之變化態樣者（如**圖8-13**）；或僅以文字說明即能明瞭電子顯示圖形之變化態樣者（如**圖8-14**），則無須另加揭露變化態樣之必要圖。

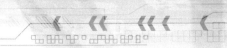

【意匠物品】冷氣機用遙控器

前視圖　　　　　　錄影預約　　　　　錄影機操作
　　　　　　　　　畫面視圖　　　　　畫面前視圖

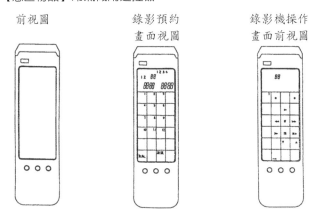

圖8-12　圖形有變化之揭露方式圖例一

【意匠物品】天氣預報顯示器

前視圖

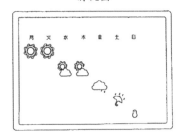

圖8-13　圖形有變化之揭露方式圖例二

【意匠物品】音響擴大器
【意匠說明】以顯示幕上之LED顯示輸示功率，配合功率，從內向外依
　　　　　　次點亮LED。

前視圖

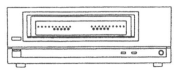

圖8-14　圖形有變化之揭露方式圖例三

8.4.1.3 電子顯示幕上有印刷圖形之揭露方式

　　若電子顯示幕上有印刷圖形，由於申請圖面所揭露之顯示幕上包括電子顯示圖形及印刷圖形兩種，難以區別要註冊之部分的電子顯示圖形時，得於意匠說明欄以文字予以說明，或分別揭露未通電狀態圖及印刷圖形參考圖（如**圖8-15**）：

【意匠物品】作業者用操作器

【意匠物品說明】前視圖上方外側四角框係表現液晶顯示幕。下方四角
　　　　　　　　框內為操作部，小圓形部分為LED，依亮燈與否顯示
　　　　　　　　作業之狀態。液晶顯示幕係顯示引擎溫度、燃料殘留
　　　　　　　　量、其他故障部位等之狀態。

【意匠說明】以一點鏈線包圍之部分為部分意匠中要註冊之部分。一點
　　　　　　鏈線係要註冊之部分與其他部分之分界指示線。

　　　　前視圖　　　　　表示印刷圖形之參考前視圖　　　左側視圖

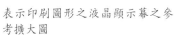

液晶顯示幕之擴大圖　　　　表示印刷圖形之液晶顯示幕之參
　　　　　　　　　　　　　考擴大圖

圖8-15　電子顯示幕上有印刷圖形之揭露方式圖例

8.4.1.4 電子顯示圖形為部分意匠之揭露方式

包含電子顯示圖形之部分意匠申請，準用部分意匠之申請基準。電子顯示圖形為部分意匠中要註冊之部分者，應將通電狀態之電子顯示圖形揭露於六面視圖。若電子顯示圖形之一部分為部分意匠中要註冊之部分，仍應以虛線表現其他部分之電子顯示圖形，以特定要註冊之部分及要註冊之部分在全體形態中之位置、大小及範圍。

8.4.2 電子顯示圖形未揭露於必要圖

電子顯示圖形不完全符合得為意匠之內容的三項要件者，或電子顯示圖形並非申請人所欲申請意匠之標的者，不得將該圖形揭露於申請圖面中之「必要圖」。惟若不揭露電子顯示圖形，顯示幕之形態不明確時，應以文字說明或另加參考圖明確揭露顯示幕之形態。若僅以文字說明即能明瞭電子顯示幕之形態者（如**圖8-16**），無須另加其他圖面；若以文字說明尚無法明瞭該顯示幕之形態者，（如**圖8-17**），須另加通電狀態參考圖或顯示幕參考圖。

【意匠物品】給油器用遙控器
【意匠說明】前視圖左下方之矩形為顯示幕。中央部分上下三矩形為按
　　　　　　鍵。

前視圖

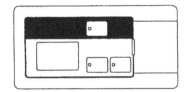

圖8-16　電子顯示圖形未揭露於必要圖例一

【意匠物品】秤

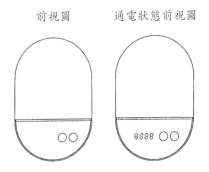

圖8-17 電子顯示圖形未揭露於必要圖例二

8.4.3 液晶顯示器之申請

　　液晶顯示器，指可組裝於各種物品中之液晶顯示零組件，依其必須顯示之圖形配置畫素者。液晶顯示器中之畫素，係顯示器中固定之液晶部分，有線段方式及點陣方式兩種。

　　液晶顯示器之畫素在未通電狀態下無任何形態，若通電後所顯示畫素之構成態樣係特定者，被視爲能透過視覺辨識之形態，其得爲意匠之內容，參照第2項「電子顯示圖形得爲意匠內容之要件」。反之，通電後所顯示畫素之構成態樣無法固定，例如全面點陣方式的情況，因無法特定其態樣，不得爲意匠之內容。

　　對於液晶顯示器意匠之申請，說明如下：

8.4.3.1 申請書之記載

　　若僅於圖面揭露液晶顯示器之意匠，而有不明確之虞時，物品名稱應記載爲「液晶顯示器」，或於意匠說明欄中記載液晶顯示之方式。爲限定液晶顯示器之用途，物品名稱得記載爲「……用液晶顯示器」，例如「照相機用液晶顯示器」、「計時用液晶顯示

器」。

8.4.3.2 圖面之記載

　　原則上，為表現畫素之構成態樣，應以六面視圖揭露所有畫素之外形線，如**圖8-18**；為有助於理解申請之意匠，必要時得以參考圖表現通電時顯示之圖形，如**圖8-19**：

【意匠物品】計時用液晶顯示器
【意匠說明】世界各地標準時間之表示線、星期、日期及時刻顯示。

前視圖　　　　　　　　　　　　右側視圖

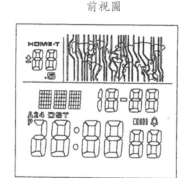

圖8-18　六面視圖揭露所有畫素之外形線圖例

【意匠物品】汽車用液晶顯示器

前視圖　　　　　　　　通電狀態參考圖

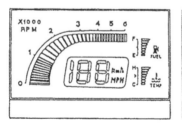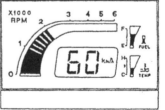

圖8-19　以參考圖表現通電時顯示圖例

　　若顯示幕上有印刷圖形，由於申請圖面所揭露之顯示幕上包括液晶顯示圖形及印刷圖形兩種，難以區別時，得於意匠說明欄以文字予以說明，或揭露印刷圖形參考圖，例如**圖8-20**。

【意匠物品】摩托車用液晶顯示器

前視圖　　　　　　　　　　印刷圖形參考圖

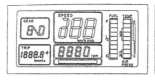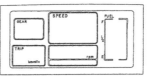

圖8-20　揭露印刷圖形參考圖例

8.5 「電子顯示意匠」vs.「電腦產生的圖像」

　　美國MPEP 1504.01(a)「電腦產生的圖像」中規定：電腦產生的圖像，例如由整個螢幕顯示及單獨圖像，為單純的表面裝飾，具有二維空間的形象（Image）。……欲取得專利的設計不得脫離其所應用之物品，僅以表面裝飾計劃單獨存在，電腦產生的圖像應表現在電腦螢幕、終端機、其他顯示面板，或其部分，以符合35 U.S.C. 171[6]。……專利商標局傳統上接受印刷字型的設計專利，不會依35 U.S.C. 171，以先進的排版方法（包括電腦所產生之字型）已無實心印刷方塊為理由，核駁字型的設計申請[7]。由前述MPEP內容得歸納三點：

1.電腦產生的圖像，指整個螢幕顯示及單獨圖像（包括使用者界面圖形GUI及電腦圖像ICON），例如**圖8-21**、**圖8-22**，包

括電腦字型（Type Fonts），例如**圖8-23**，均得爲設計專利之標的。

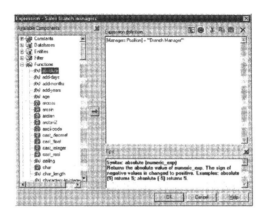

D492322設計專利 "User interface for a computer screen"

DESCRIPTION
The said design is the overall shape of the user interface
for a computer screen shown in the drawing.
The single FIGURE is a front view of a user interface
for a computer screen. The broken-line disclosure of
the computer screen in the view is for illustrative purposes
only, and forms no part of the claimed design.

圖8-21　使用者界面圖形GUI及電腦圖像ICON圖例一

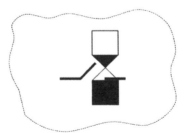

D494982設計專利 "Icon for a portion of a computer screen"

註：在description中指明虛線係描繪a portion of a display screen，故本
圖非以虛線外框表示物品。

圖8-22　使用者界面圖形GUI及電腦圖像ICON圖例二

ABCDEF ZO1234567
GHIJKLM 89ﬀﬃﬁﬄℕ
NOPQRS ηʃΓΔΘΛΞ
TUVWXY ΠΣΥΦΨΩ
Z!@?&ab αβγδεζηθι
cdefghijk κλνξπρστ
lmnopqrs υφχψωϛ

D497175設計專利 "Type font"

註1：本案共1 Claim, 64 Drawing Sheets。

註2：本案電腦字型總計64張圖，所示者僅爲第1及3圖。

圖8-23　使用者界面圖形GUI及電腦圖像ICON圖例三

2. 電腦產生的圖像爲二維空間之形象。

3. 申請電腦產生的圖像，圖面中應表現該圖像所應用之物品，實務上係在圖像外圍繪以虛線方框，例如**圖8-24**，否則不符合35 U.S.C. 171有關物品之規定。

DESCRIPTION

The single FIGURE is a front view of a computer generated image on a display.

The broken line drawing of a display is for illustrative purposes only and forms no part of the claimed design.

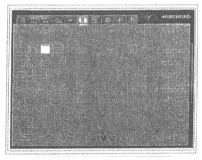

D494187設計專利 "Computer generated image on a display"

圖8-24　使用者界面圖形GUI及電腦圖像ICON圖例四

8.5.1 得為保護標的之電子顯示圖形

依申請指南,電子顯示圖形得為意匠之內容者,必須具備三項要件,參照第2項「電子顯示圖形得為意匠內容之要件」。電子顯示意匠必須是物品以其本身之顯示功能,透過各種電子顯示方式,將其專屬之使用者界面或其圖像,顯示於電子顯示幕上圖形設計。依該三項要件,電子顯示意匠排除一般套裝軟體、多媒體著作等非專屬機器本身之創作所產生之電子顯示圖形。申請指南中特別排除不具特定用途而無特定顯示內容之電腦所產生之圖像,由於其顯示幕上之電子顯示圖形非專屬電腦創作之一部分,該圖形並非實現電腦之使用目的所不可或缺。

美國MPEP 1504.01(a)的標題為**電腦產生的圖像**(Computer-Generated Icons),涵蓋電腦整個螢幕顯示、單獨圖像及電腦字型等,相對於電子顯示意匠,反而主要是保護電腦產生之電子顯示圖形。此外,MPEP未規定所保護之電子顯示圖形必須是具特定形態之設計,故不排除亦保護套裝軟體、多媒體著作等所產生之圖形。

8.5.2 物品及形態vs.二維空間之形象

日本最新的2002年「意匠審查基準」名詞釋義第2「部分使用之省略記載」中指出:「形態」,指形狀、花紋、色彩或其結合。雖然該基準未進一步說明電子顯示圖形是否被視為花紋,惟電子顯示圖形本身並非立體形態,就其本質而言,充其量僅能被視為二維空間之花紋或花紋與色彩之結合。

雖然意匠實務上早已保護液晶顯示之意匠,例如將數字顯示手錶上之數字及圖形視為繪畫文字(Pictogram)而准予意匠註冊[8],例如**圖8-25**,或將電動遊樂器上之圖形視為形態之一部分,而准予

意匠註冊[9]，例如**圖8-26**及**圖8-27**，但該顯示圖形或文字均必須附屬於物品之形狀。

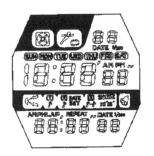

登錄號碼：547569

【意匠物品】時刻顯示盤

圖8-25　將數字顯示手錶上之數字及圖形視為繪畫文字圖例

登錄號碼：575375

【意匠物品】遊樂器

圖8-26　將電動遊樂器上之圖形視為形態之一部分圖例一

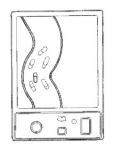

登錄號碼：566870

【意匠物品】道路競賽遊樂器

圖8-27　將電動遊樂器上之圖形視為形態之一部分圖例二

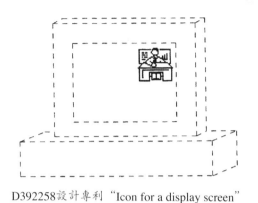

D392258設計專利 "Icon for a display screen"

圖8-28　以虛線表現該圖像所依附之電腦螢幕之圖例

　　美國MPEP 1504.01(a)「電腦產生的圖像」中規定：電腦產生的圖像，……爲單純的表面裝飾，具有二維空間的形象。若依意匠之觀點，電腦產生的圖像即爲花紋。只要符合35 U.S.C. 171有關物品之規定，得單獨以電腦產生的圖像申請取得專利，無須附屬於具體之物品形態，例如前述**圖8-21**至**圖8-24**之設計專利。

8.5.3 物品之表現

　　日本舊意匠法一直認定意匠必須是物品形態之創作，物品與形態係一整體不可分離，脫離物品僅是形態者，例如僅是花紋或色彩之創作不被認定爲意匠。1999年修正之意匠法將原本僅保護物品整體外觀之形狀、花紋、色彩或其結合（即形態）之範圍擴大，但仍堅持意匠必須是物品形態之創作，僅是花紋或色彩之創作不被認定爲意匠[10]。因此，無論是全體意匠或部分意匠，申請圖面均須揭露物品之形狀，若部分意匠中要註冊之部分爲電子顯示圖形，仍必須以虛線描繪物品之形狀，明確揭露要註冊之部分在全體形態中之位置、大小、範圍。

依1992年美國法院判決[11]：電腦產生的圖像僅爲表面裝飾。因此，若申請設計專利之標的僅爲電腦產生的圖像，爲符合製造品之規定，實務上係以虛線表現該圖像所依附之電腦螢幕、終端機、其他顯示面板等「物品」，而虛線部分係不構成設計之一部分的環境構造或物品部位，如前述**圖8-24**或**圖8-28**。

在MPEP 1503.02 III.「**虛線**」說明：虛線（包括鏈線）最普通的兩種用途爲揭露設計專利標的有關之環境及界定申請專利範圍之邊界。雖然構造並非設計專利標的的一部分，但須要表示設計所關聯的環境時，得以虛線將其表現在圖面上。這種作法也適用於施予或應用於物品上任何非屬設計專利標的之一部分的部分設計（any portion of an article）[12]。

美國設計專利實務上，爲符合35 U.S.C. 171有關物品之規定，電腦產生的圖像之申請圖面並不一定會依**圖8-24**或**圖8-25**之方式表現物品，亦可能以虛線表現物品之一部分，並配合設計名稱及文字說明，例如前述**圖8-22**。

 8.6 開放電子顯示設計保護之可行性及調整

日本於1999年修正之意匠法第2條第1項：「本法稱『意匠』者，係有關物品（含物品之一部分，第8條除外，以下同）之形狀、花紋、色彩或其結合，能透過視覺引起美感之創作。」藉增加括號內之文字，而將原本僅保護物品整體外觀之形狀、花紋、色彩或其結合之範圍擴大，意匠權不僅保護物品整體形態，亦保護其部分形態。部分意匠擴大保護之範圍，並非擴及物品之零件形態，而是及於物品之一部分形態，亦即不管物品之一部分與其他部分是否得以分離，只要該部分佔據一定範圍且可作爲比對之對象，均予以保護。此外，特許廳並藉意匠法第2條有關意匠定義之修正，於申

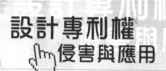

請指南中開放電子顯示意匠之申請。

　　為強化意匠創作在國際上之競爭力及產業財產權之保護，並將意匠制度與國際專利制度相調和，特許廳於2006年6月向國會提出「意匠法等之部分修正案」。為擴大資訊家電操作畫面之設計保護，意匠法第2條修正增列之第2項：「前項物品之部分形狀、花紋、色彩或其結合為供物品操作用途之畫面者（限於為發揮該物品之功能狀態而創作者），應包含顯示於該物品上及與該物品一體使用之物品上之畫面。」

8.6.1 開放電子顯示新式樣之可行性說明

　　除美國法制早已保護部分設計外，日本於1999年修正意匠法導入部分意匠制度，歐洲議會及韓國於2001年亦導入部分設計制度。順應此股世界趨勢，我國導入部分設計保護制度已勢在必行。

　　依我國新式樣專利實體審查基準，不具備三度空間特定形態者，例如無具體形狀之氣體、液體，或有形無體之光、電、煙火、雷射動畫、電腦字型、電腦動畫等，應認定不屬於新式樣物品，違反專利法第109條第1項規定[13]。此外，審查基準復規定：花紋，指點、線、面或色彩所表現之裝飾構成；花紋之形式包括以平面形式表現於物品表面者，或以浮雕形式與立體形狀一體表現者，或運用色塊的對比構成花紋而呈現花紋與色彩之結合者[14]。若開放電子顯示設計之保護，勢必從新式樣之定義著手修正。

　　參照日本、韓國及歐洲議會之經驗，均係在設計之定義上著手，規定設計保護範圍涵蓋物品之一部分設計。雖然在法理上，電子顯示新式樣與部分新式樣並無必然關係，但參照日本經驗，藉修正專利法第109條新式樣定義導入部分新式樣之時機，於修正專利法或審查基準時，開放電子顯示新式樣之申請，均為可行之途徑。

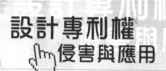

我國專利法第109條第1項：「新式樣，指對物品之形狀、花紋、色彩或其結合，透過視覺訴求之創作。」內容與日本意匠法於1999年修正前之第2條雷同，且在新式樣專利審查概念方面與日本意匠可謂大同小異。藉日本經驗，在導入部分新式樣制度時連帶開放電子顯示新式樣保護，在法理上或實務上似均無窒礙難行之處。

8.6.2 新式樣定義之調整

對於電子顯示新式樣之申請及審查，美國MPEP及日本意匠申請指南之間的差異已於**8.5**「**電子顯示意匠**」**vs.**「**電腦產生的圖像**」中說明。對於開放電子顯示新式樣之保護，筆者認為除配合部分新式樣制度之導入，修正專利法第109條第1項外，宜參酌MPEP，正本清源將電子顯示圖形視為二維空間之花紋，從根本上融入原本形狀、花紋、色彩有關規定之架構中。

此外，對於電子顯示新式樣保護的範圍，筆者認為宜審慎考量是否要與著作權區隔，亦即參酌我國產業之需求及日本意匠申請基準中所規定得為意匠之內容3要件，對於非為實現物品使用目的之全部或一部分所不可或缺者，或非以物品本身所具有之顯示功能予以顯示者，或變化態樣非特定者，例如一般套裝軟體、多媒體著作等所產生之圖形及電腦字型、電腦動畫等，抉擇是否得作為我國電子顯示新式樣保護的範圍。

8.6.3 申請、審查及專利權解釋方面

若依前述建議，電子顯示圖形被視為花紋，電子顯示新式樣之申請、審查及專利權解釋，均得依現行法及審查基準等有關花紋之規定予以處理。至於得為電子顯示新式樣之要件規定，則須於審查基準中以專章規範之。

在政府兩兆雙星經濟計劃的輔導下，我國利用液晶、發光二極體、電漿、螢光、電子發光等各種電子顯示技術所開發之電子產業已居重要地位。專利制度作為產業政策之一環，有必要適時調整，迎合產業界之需求。

美國、日本、歐盟等先進國家或地區已開放部分設計及電子顯示設計之保護，在產業殷切之祈盼下，新式樣專利導入部分新式樣制度並開放電子顯示新式樣保護之時機已迫在眉睫。本文簡單介紹日本電子顯示意匠之相關規定，希望有助於我國開放電子顯示新式樣之政策考量。

註　釋

[1] 我國專利法中之「新式樣」，在歐美國家稱「設計」，在日本稱「意匠」，本文仍依各國之用語。

[2] 電子顯示新式樣，指通電後以液晶、發光二極體、電漿、螢光、電子發光等各種方式顯示之圖形設計。

[3] 美國MPEP 1504.01(a)「電腦產生的圖像」中規定：電腦產生的圖像，例如由整個螢幕顯示及單獨圖像，為單純的表面裝飾，具有二維空間的形象。

[4] 日本特許廳（2004），「意匠申請願書及圖面記載基準」，第7章第1項(2)「物品顯示幕顯示之圖形」（……構成意匠之要素……）；第10章第1項「物品顯示幕顯示之圖形被認定為構成意匠之要素的要件」（……得為可供工業上利用之意匠）。第7章與第10章規定不同，由於可供工業上利用之意匠須具備意匠法中所規定之意匠、具體意匠及工業上利用性等三項條件，爰依第7章之規定。

[5] 日本特許廳（2004），「意匠申請願書及圖面記載基準」，第7章第1項(2)「物品顯示幕顯示之圖形」（要件1），對於該物品是否構成意匠物品係不可或缺者（包含為實現該物品使用目的之一部分功能係不可或缺者）。惟就第7章之內容觀之，(2)之原意係指實現該物品之使用目的之全部（用途）或使用目的之一部分（功能）不可或缺者，為避免誤解，爰予以修正。

[6] The Manual of Patent Examining Procedure 1504.01(a) Computer-Generated Icons I. A. General Principle Governing Compliance: With the "Article of Manufacture" Requirement Computer- generated icons, such as full screen displays and individual icons, are 2-dimensional images which alone are surface ornamentation. (computer-generated icon alone is merely surface ornamentation). ...Since a patentable design is inseparable from the object to which it is applied and cannot exist alone merely as a scheme of surface ornamentation, a computer-generated icon must be embodied in a computer screen, monitor, other display panel, or portion thereof, to satisfy 35 U.S.C. 171.

[7] The Manual of Patent Examining Procedure 1504.01 (a) III. TREATMENT OF TYPE FONTS: USPTO personnel should not reject claims for type fonts

under 35 U.S.C. 171 for failure to comply with the "article of manufacture" requirement on the basis that more modern methods of typesetting, including computer-generation, do not require solid printing blocks.

[8] 森則雄（昭和58年）。《意匠實務》。社團法人發明協會，頁207，意匠權號547569，意匠物品：時刻顯示盤。

[9] 森則雄（昭和58年）。《意匠實務》。社團法人發明協會，頁215，意匠權號575375，意匠物品：遊樂器；意匠權號566870，意匠物品：道路競賽遊樂器。

[10] 日本特許廳（2002），「意匠審查基準」，21.1.1.1「被認定為物品」。

[11] The Manual of Patent Examining Procedure 1504.01(a) Computer-Generated Icons I. A. General Principle Governing Compliance: ...Ex parte Strijland, 26 USPQ2d 1259 (Bd. Pat. App. & Int. 1992) (computer-generated icon alone is merely surface ornamentation).

[12] The Manual of Patent Examining Procedure 1503.02 III. broken lines: The two most common uses of broken lines are to disclose the environment related to the claimed design and to define the bounds of the claim. Structure that is not part of the claimed design, but is considered necessary to show the environment in which the design is associated, may be represented in the drawing by broken lines. This includes any portion of an article in which the design is embodied or applied to that is not considered part of the claimed design. In re Zahn, 617 F.2d 261, 204 USPQ 988 (CCPA 1980). ...However, broken lines are not permitted for the purpose of indicating that a portion of an article is of less importance in the design. In re Blum, 374 F.2d 904, 153 USPQ 177 (CCPA 1967). Broken lines may not be used to show hidden planes and surfaces which cannot be seen through opaque materials. The use of broken lines indicates that the environmental structure or the portion of the article depicted in broken lines forms no part of the design, and is not to indicate the relative importance of parts of a design.

[13] 智慧財產局（2005），「專利審查基準」，第3篇第2章〈何謂新式樣〉之1.3「新式樣物品」，頁3-2-3。

[14] 智慧財產局（2005），「專利審查基準」，第3篇第2章〈何謂新式樣〉之1.4.2「花紋」，頁3-2-5。

工業管理叢書

設計專利權侵害與應用

著　　者／顏吉承、陳重任
出 版 者／揚智文化事業股份有限公司
發 行 人／葉忠賢
總 編 輯／閻富萍
主　　編／范湘渝
登 記 證／局版北市業字第 1117 號
地　　址／台北縣深坑鄉北深路三段 260 號 8 樓
電　　話／(02)8662-6826　8662-6810
傳　　真／(02)2664-7633
網　　址／http://www.ycrc.com.tw
　E-mail　／service@ycrc.com.tw
印　　刷／鼎易印刷事業股份有限公司
　I S B N　／978-957-818-881-5
初版一刷／2008 年 9 月
定　　價／新台幣 450 元

國家圖書館出版品預行編目資料

設計專利侵害與應用／顏吉承, 陳重任著.
-- 初版. -- 臺北縣深坑鄉：揚智文化,
2008.09
　　面；　　公分. --（工業管理叢書）

　　ISBN　978-957-818-881-5（精裝）

　　1.專利　2.專利法規
440.6　　　　　　　　　　　　97013395